우리말 지명의 재밌는 역사 이야기

일러두기

이 책은 2024년 1년 동안 일주일에 한 편씩 '이기봉의 우리땅 이야기'란 칼럼 제목으로 문화일보에 연재한 49편의 글을 일부 수정하고 '울돌목과 명량' 1편을 더해 엮은 것이다.

우리말 지명의 재밌는 역사 이야기

초판 1쇄 발행 2025년 8월 6일

지은이 이기봉
펴낸이 김선기
편집 이선주
디자인 조정이
펴낸곳 (주)푸른길
출판등록 1996년 4월 12일 제16-1292호
주소 (08377) 서울시 구로구 디지털로 33길 48 대륭포스트타워 7차 1008호
전화 02-523-2907, 6942-9570~2
팩스 02-523-2951
이메일 purungilbook@naver.com
홈페이지 www.purungil.co.kr

ISBN 979-11-7267-055-9 03980

• 이 책은 (주)푸른길과 저작권자와의 계약에 따라 보호받는 저작물이므로 본사의 서면 허락 없이는 어떠한 형태나 수단으로도 이 책의 내용을 이용하지 못합니다.

오랫동안 고문헌을 연구해 온 학예연구관이 들려 주는

우리말 지명의
재밌는 역사 이야기

이기봉 지음

머리말

서울특별시 송파구의 한강 가에는 둘레 약 3.7km의 거대한 백제 유적 풍납토성이 있다. 아주 이른 시기인 1963년에 사적으로 지정됐는데, 공식적인 사적 명칭은 '서울 풍납동 토성'이라 부른다. 유적이 본격적으로 발굴되기 전부터 시가지가 형성됐기 때문에 풍납토성 안은 길과 주택과 시장으로 가득 차 있다. 그런데 도로명주소가 전면 실시된 2014년부터 풍납토성 안 북쪽의 1/3 정도에 뜬금없이 '바람드리길', '바람드리○○길'이란 요상한 지명이 등장했다. 지금은 10여 년이 지나면서 좀 익숙해졌겠지만 처음에는 분명 그랬다.

150여 년 전, 풍납토성 지역에 가서 풍납동의 전신인 '풍납'리가 어디냐고 묻는 사람이 있었다면 지역 주민들로부터 '거기가 어딘데요?'라는 반문만 들었을 것 같다. 당시 지역 주민들은 풍납토성 안의 마을을 모두 '바람드리'라고 부르고 있었기 때문이다. 혹시라도 지역을 관할하는 향리나 글 좀 아는 양반을 만나야 그때서야 "아, 바람드리요? 여기가 거긴데요."라는 답변을 들을 수 있었을 것이다. '풍납'은 바람드리를 한자 風(바람 풍)과 納(들일 납)의 뜻을 빌려 표기한 風納의 한자 소리를 그대로 읽은 것이다. 풍납과 바람드리의 소리는 유사성이 전혀 없기 때문에 한자를 모르는 사람에게는 어떤 연관 관계도 설정하기 어렵다.

우리나라의 역사에서는 언제부턴가 한자의 뜻을 빌려 우리말 지명을 표기했음에도 한자의 소리로 읽는 습관이 일반화되면서 우리말 지명이 하나둘씩 사라져 갔다. 근대식 교육을 통해 한자 지명을 읽고 쓸 수 있는 인구가 늘어나던 일제강점기부터 더욱 확대됐고, 1960년대부터 시작된 급속한 경제성장과 도시화는 행정 지명에서 우리말 지명을 완전히 몰아냈다. 그런데 2014년의 도로명주소 실시와 함께 행정 지명에서 우리말 시냉이 일부 되살아나는 '기적'이 일어났다.

우리나라 사람들은 한자 지명에 너무나 익숙하여 우리말 지명을 들으면 신기해한다. 그래서 우리니리 방방곡곡에 너무나 흔했던 우리말 지명과 한자 표기와의 관계, 지명의 유래와 변화 등이 모두 재밌는 역사 이야기가 되고 있으니, 필자로서 좋다고 말해야 하나 슬프다고 말해야 하나 헷갈릴 때가 있다. 하지만 어차피 지나간 역사이니 너무 슬퍼하고만 있을 필요는 없다. 기회가 오면 되살리는 데 큰 힘을 보태진 못하더라도 우리말 지명의 재밌는 역사 이야기라도 잘 만들어 전해야겠다는 사명감이 있었는데, 문화일보에서 2024년 1년 동안 주 1회씩 '이기봉의 우리땅 이야기'란 칼럼 제목으로 원고지 5매 분량의 지면을 할애해 주셨다. 필자에게 찾아온 한 줄기 빛이었다.

문화일보 최현미 부장님, 장상민 기자님 그리고 삽화를 그려 주신 관계자 여러분, 국립중앙도서관 관장 직무대리로 계시면서 문화일보와 필자를 흔쾌하게 연결해 주신 김일환 부장님께 감사드린다. 끝으로 문화일보 연재글 49편과 '울돌목과 명량' 1편을 합해 한 권의 책으로 엮어 출판해 주신 푸른길 김선기 대표님과 이선주 팀장님께 고마운 마음을 전한다.

2025년 4월 25일
서울에서 가장 살기 좋은 동네 개봉동 영화아이닉스아파트에서
지은이 아끔말 이기봉 쓰다

차례

머리말 __ 4

1. 한양 이름의 탄생 __ 11
2. 서울, 고유명사의 지위를 되찾다 __ 14
3. 한강과 금강, '임금의 강' __ 17
4. 둔치, 골칫덩어리에서 복덩어리로 __ 20
5. 율도와 밤섬 __ 23
6. 조선 최대의 항구, 삼개 __ 26
7. 동교동과 웃잔다리 __ 29
8. 소공동과 작은공줏골 __ 32
9. 무침교와 무교동낙지 __ 35
10. 서울에서 가장 아름다운 마을 이름, 곤담골 __ 38
11. 명동성당과 종현성당 __ 41
12. 건천동과 마른냇골 __ 44
13. 서울에서 유래가 가장 재밌는 동명, 필동 __ 47
14. 첫다리와 두다리 __ 50
15. 돈암동과 되너미고개 __ 53
16. 삼각산, 뿔 세 개와 소귀 두 개 __ 56
17. 수유동과 무너미고개 __ 59
18. 대마도 정벌군이 출발한 나루, 두뭇개 __ 62
19. 동재기나루, 조선에서 가장 붐빈 나루 __ 65

20. 서울특별시 서리풀이구 서릿개대로 201 __ *68*
21. 청담동 어머니, 판교 어머니 __ *71*
22. 몽촌과 웅진, 곰말과 곰나루 __ *74*
23. 여의도의 샛강과 잠실의 새내 __ *77*
24. 웰컴 투 '동막골' __ *81*
25. 손돌목과 손돌항, 손석항, 손량항 __ *84*
26. 남양주 조안면의 새재 __ *87*
27. 안산의 고지안과 장성의 꽃매 __ *90*
28. 이포보와 배개 __ *93*
29. 고랑개나루, 쓸쓸하고 안타까운 역사 __ *96*
30. 한탄강, 대탄, 한여울 __ *99*
31. 잣고개와 작고개 __ *102*
32. 새술막, 재밌는 이야기의 원천 __ *105*
33. 아끔말과 쌍학리 __ *108*
34. 한밭, 오미, 놀미 __ *111*
35. 똥매와 동산 __ *114*
36. 새말IC, 아침돌IC, 새미분기점, 질마재분기점 __ *117*
37. 대천해수욕장과 한내 __ *120*
38. 삽교천방조제와 삽다리 __ *123*
39. 죽령과 대재 __ *126*
40. 마즈막재, 낯선 듯 친근한 이름 __ *129*
41. 원초적인 땅이름, 막흐리기여울 __ *132*
42. 충주 고구려비와 장미산성 __ *135*

43. 일곱매와 여덜미 __ *139*

44. 울돌목과 명량 __ *142*

45. 대구의 달성과 밀양의 추화산성 __ *145*

46. 문경새재, 백두대간에서 가장 붐빈 고개 __ *148*

47. 저동항과 모시개 __ *151*

48. 포스코와 개메기 __ *154*

49. 위화도와 울헤섬 __ *157*

50. 적도와 블근섬 __ *160*

1. 한양 이름의 탄생

조선의 수도 서울의 공식 명칭은 한성부漢城府였고, 수도 서울을 뜻하는 일반명사인 경도京都·경京·왕경王京·경성京城 등으로 다양하게 불렸다. 공식 명칭도 아니고 일반명사도 아니지만, 역사 속에서 등장한 서울의 고유명사로 한양漢陽이 있다. 이는 1395년 태조 이성계가 수도를 개성에서 한양부의 읍치邑治(고을 중심지)로 옮긴 뒤 관성적으로 쓰이게 된 지명이다.

한양의 역사는 삼국시대 '북한산주北漢山州'로 거슬러 올라간다. 북한산주는 통일신라 때 북한산군이 됐다가 '한양군'으로 바뀌게 된다. 신라 경덕왕 18년(759) 전국 모든 고을의 이름을 주州 앞에는 한자 한 글자, 소경小京과 군郡·현縣 앞에는 한자 두 글자라는 원칙

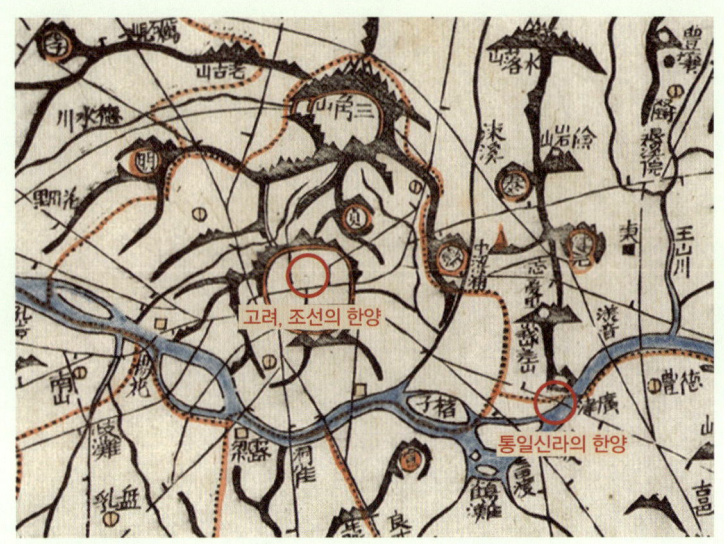

대동여지도
출처: 규장각한국학연구원

을 적용한 결과다. 북한과 한양에서 한漢은 모두 한강을 가리키며, 흔히 강의 북쪽은 산의 남쪽에 해당돼 음양陰陽으로는 햇빛이 비추는 양陽의 지역이다. 따라서 북한北漢과 한양漢陽은 글자 조합만 다를 뿐 같은 뜻이다. '북한산'에서 '산' 한 글자를 떼어 버리면서 두 글자의 '한양'으로 바꾸어 한양군이 되었다.

한양의 탄생을 서울의 도성 안을 기준으로 설명하는 경우가 있지만, 이는 논리적으로 타당하지 않다. 한강을 중심으로 양陽은 남산의 북쪽인 도성 안이 아니라 남산의 남쪽이기 때문이다. 고대 북한산군과 한양군 읍치의 위치는 서울의 도성 안에 있지 않았다. 『삼국사기』「지리지」의 한양군에는 읍치가 옛양주古楊州에 있었다고 나오는데, 조선시대 한강의 신에게 제사 지내던 양진사楊津祠가 있던 광진구의 광나루 지역을 가리킨다. 이곳은 한강의 북쪽을 가리키는 한양의 의미와 정확히 일치한다.

이렇게 옛양주에 있던 한양군은 고려시대 들어 양주로 불리다가 문종 21년(1067) 그 읍치를 풍수의 명당 형국을 갖춘 '조선의 도성 지역'으로 옮기면서 '남경'으로 승격된다. 그 뒤 한양부를 거쳐 조선의 수도 한양에 이르게 된다.

2. 서울, 고유명사의 지위를 되찾다

작년, 고소설과 방각본을 연구하는 이윤석 전 연세대학교 국문학과 교수로부터 필자의 저서 『산을 품은 왕들의 도시』 1·2(2023)에 대한 멋진 서평을 받았다. 서평에는 그동안 알고 싶었지만 찾아보지 못했던 서울에 대한 소중한 정보가 있었다. 한글 고소설 『춘양전』에서 직접 찾아 세어 본 결과, 조선의 수도를 가리키는 용어로 한양이 5회이고 서울은 무려 21회나 나왔다는 내용이다. 조선의 백성들이 수도를 가리킬 때 서울 또는 한양이라 불렀고 그중 서울이 압도적이었다는 사실은 이미 알고 있었지만 의미 있는 수치로서 확인한 건 처음이었다.

진한 소국 시절 신라의 국명이었던 서벌徐伐에서 시작하여 소리가

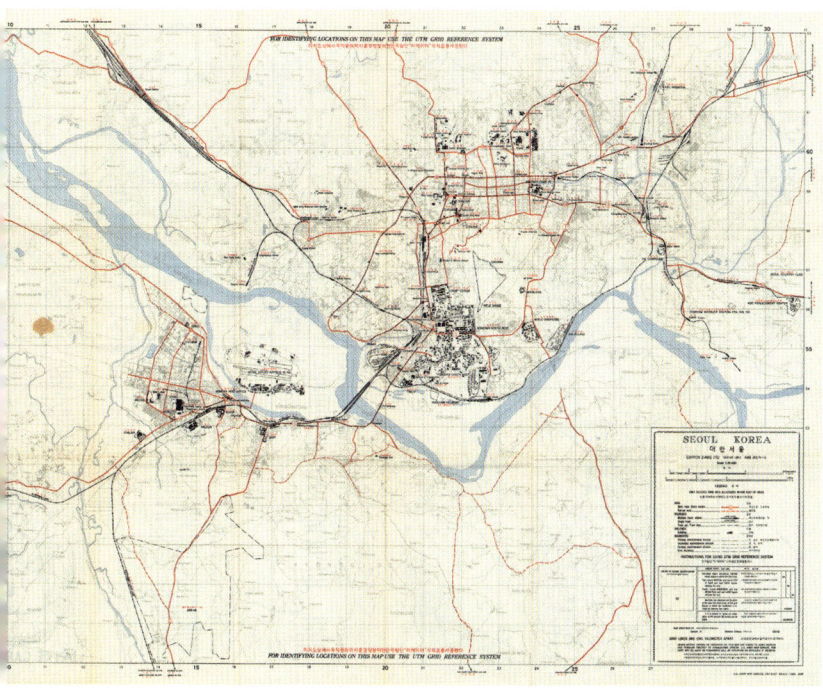

서울시가지도 '대한서울'(1945년 이후)
출처: 서울역사박물관

조금씩 변해 지금의 서울에 이르렀다는 것은 학계에서 이미 밝혀진 사실이다. 다만 왜 서벌이 수도의 이미를 갖게 되었고, 대한민국 수도의 공식 명칭이 서울로 정해졌는지는 아직 정리가 덜된 것 같다.
신라는 진한 소국의 하나로 출발하여 백제와 고구려를 차례로 정복한 후 대동강-원산만 이남의 큰 영토를 가진 국가가 되었다. 그리고 멸망하는 순간까지도 소국 시절의 신라 영역인 서벌 출신과 정복한 지역의 출신을 철저하게 차별하는 골품제라는 신분제를 운영하였다. 특권 공간인 서벌은 '임금이 사는' 수도만을 가리키는 고유명사가 되었다. 신라에서는 성城을 '벌'이라고 했는데, 서벌은 한자 金(쇠 금)과 城(별 성)의 뜻을 빌려 금성金城이라 표기하기도 했다.

고려가 후삼국을 통일하자 서울은 '임금이 사는' 수도인 개성을 가리키는 일반명사로 변했고, 조선 개국 후에도 '임금이 사는' 수도 한성부를 지칭했다. 일제강점기, 공식 명칭이 경성京城으로 바뀌고 임금은 존재하지 않게 되었지만 사람들은 관성적으로 서울이라 불렀다. 미군정하에 있던 1946년 8월 15일, 서울헌장이 공포되고 경성부에서 서울특별자유시로 승격되면서 서울은 신라 멸망 후 천여 년 만에 공식적으로 수도를 가리키는 고유명사의 지위를 되찾게 되었다.

3. 한강과 금강, '임금의 강'

수도 서울을 동서로 관통하는 한강은 서울을 상징하는 하천임과 동시에 '한강의 기적'에서처럼 우리나라를 대표하는 중요한 상징 중 하나다. 그러면 이런 한강은 어떤 의미를 가진 이름일까? 우리가 늘 부르고 있는 이름이지만 선뜻 대답하기가 쉽지 않을 것 같다. 한강漢江에서 '漢'은 일반적으로 '크다'는 뜻의 고유한 우리말 '한'을 한자의 소리를 빌려 표기한 것으로 설명한다. 한강은 큰 강이기 때문에 일견 타당해 보이지만 필자가 보기엔 잘못된 설명이다. 한강은 서울 송파구의 풍납토성과 몽촌토성 지역에 있던 백제의 수도 한성漢城과의 관계에서 발생한 이름이다. 우리말 '한'은 삼'한'과 그것을 모태로 만든 대'한'민국, 소리가 약간 변한 신라의 마립'간'과

공산성과 금강   출처: 한국관광공사 포토코리아-김지호

대동여지도의 한강과 금강   출처: 규장각한국학연구원

이사'금' 등에서처럼 '우두머리'라는 명사의 의미도 가진다. 한성漢城은 백제에서 가장 높은 우두머리인 '한', 즉 임금이 사는 궁성을, 나아가 그 궁성이 있는 수도의 의미를 동시에 갖고 있었고, 한강漢江은 임금이 사는 수도를 흐르는 강, 즉 '임금의 강'인 것이다.

475년 9월, 고구려 3만 대군이 백제의 수도 한성을 함락시키고 개로왕을 처형하자, 22대 임금에 오른 문주왕은 10월에 곰나루熊津로 수도를 옮겼다. 궁성으로 웅진성熊津城을 쌓았고, 당나라의 웅진도독부熊津都督府와 통일신라의 웅진주熊津州를 거쳐 757년(경덕왕 16)에 주州 앞에는 한자 한 글자로 쓴다는 원칙에 따라 웅주熊州로 바꾸었다. 하지만 백제와 신라 사람들은 웅진과 웅주가 아니라 곰나루와 곰주熊州로 불렀고, 고려 초 곰주의 소리와 비슷하면서 한자의 뜻이 좋은 공주公州로 한자 표기를 바꾸어 지금에 이르고 있다.

옛 문헌에는 공주 지역을 관통하며 흐르는 강을 '곰', '공'과 비슷한 소리의 한자 錦(비단 금)을 빌려 금강錦江이라고 표기했다. 금강은 비단강이 아니니 천도 전의 수도 한성을 흐르던 한강과 마찬가지로 백제의 임금이 사는 수도를 흐르는 강, 즉 '임금의 강'이다.

4. 둔치, 골치덩어리에서 복덩어리로

우리나라 하천의 특징을 가장 잘 알려주는 개념은 하상계수河狀系數로, 연중 유량이 가장 적을 때와 가장 많을 때의 비율을 가리킨다. 예를 들어, 우리나라의 한강은 1:393, 낙동강은 1:372, 금강은 1:299인 데 비해 이집트의 나일강은 1:30, 중국의 양쯔강은 1:22, 독일의 라인강은 1:8, 아프리카의 콩고강은 1:4라고 한다.

우리나라 강의 하상계수가 유난히 큰데, 그 이유는 두 가지 정도다. 첫째는 시기별로 강수량의 격차가 아주 심한 기후내에 속하고, 둘째는 유역의 면적이 크지 않고 산지가 많아 빗물이 바다로 빠르게 빠져나가기 때문이다.

하상계수가 커서 발달한 우리나라의 하천 지형이 둔치다. 일제강

한강 둔치
출처: 한국관광공사 포토코리아–한국관광공사, 엠엠피 김진규

점기 때부터 쓰던 일본식 한자어인 고수부지高水敷地를 우리말로 바꾼 것이다. 물이 많이 흐르는 짧은 시기에만 잠겼다가 대부분의 시기에는 땅으로 드러나 있다. 지형이 험히고 좁은 계곡을 제외하면 우리나라에서 둔치가 없는 하천은 없다. 만약 그런 하천이 있다면 홍수 때 엄청나게 불어난 물이 곧바로 주변의 주거지와 농경지로 쏟아져 들어가면서 큰 수해를 입힌다.

농업국가였던 시절, 둔치는 늘 아까운 땅이었다. 홍수 때는 거친 물에 잠기는 곳이어서 농경지로 개발할 수 없다. 경제개발이 한창이던 시절, 둔치는 각종 쓰레기가 마구 버려지는 더러운 곳이었다. 정화되지 않은 공장폐수와 가정하수의 고약한 냄새도 심하게 풍겼다. 프랑스 파리의 센강처럼 유람선과 강가의 도시 카페가 어우러진 낭만 풍경은 어불성설이었다. 그야말로 골칫덩어리였다.

나라가 잘살게 되면서 강물에서 더 이상 고약한 냄새가 나지 않게 되었다. 둔치에는 다양하고 넓은 수변공원과 자전거길, 산책로가 조성되어 수많은 도시민들에게 건강과 휴식의 일상공간이 되었다. 이런 둔치가 없었다면 이런 공간을 마련하기 위해 땅값으로 엄청나게 많은 예산을 투입해야 했을 것 같다. 지금의 대한민국에게 둔치는 복덩어리다. 우리만큼 하천의 넓은 둔치를 갖고 있는 나라가 거의 없으니, 신이 내려준 선물 아니겠는가?

5. 율도와 밤섬

김정호의 『대동여지도』에 기록된 서울의 지명 중 '율도栗島'라는 섬이 있다. 『홍길동전』에 나오는 가공의 이상 국가인 율도국栗島國을 떠올리게 하는 이름이지만 김정호가 소설 속의 지명을 지도에 표시할 리는 없다. 그러면 '율도'는 어떤 섬을 가리킬까?

힌트는 1968년 여의도 개발에 쓸 제방의 석재를 확보하고 한강의 유로를 넓히기 위해 약 천 명의 사람들이 사는 마을의 기반암을 폭파하면서 사람이 살지 않는 무인도로 변한 곳이다. 지금은 홍수 때마다 한강이 주기적으로 실어 온 모래가 엄청나게 쌓이고 쌓여 더 넓은 섬으로 변했고, 나무가 무성한 유명한 철새 도래지가 되었으며, 섬 위로는 서강대교가 지나가고, 〈김씨 표류기〉란 영화의 촬영

밤섬(2020년)
출처: 서울연구데이터베이스

장소가 되기도 하였다. 이쯤 되면 웬만한 서울 사람은 금방 알 수 있을 것이다. 바로 여의도 북쪽에 있는 섬, 밤섬이다.

'율도'는 우리말 지명인 밤섬을 한자 栗(밤 율)과 島(섬 도)의 뜻을 빌려 표기한 栗島의 한자 소리다. 지명은 기본적으로 소리를 통해 의사소통의 매개체가 되는데, '율도'와 밤섬은 공통점이 전혀 발견되지 않는 소리여서 한자를 떠올리지 않는 한 서로 연관시키기가 쉽지 않다. 특히 한자가 익숙하지 않은 세대일수록 더욱 그러할 것이다. 지금 서울에서 밤섬을 '율도'라고 부르는 사람은 없다. 그래서 율도라는 지명으로는 의사소통을 할 수가 없다. 율도는 일상적으로 통용되지 않는 표기된 한자의 소리일 뿐이기 때문이다.

지금으로부터 150여 년 전만 하더라도 우리나라 전국 방방곡곡은 우리 조상들이 길게는 수천 년, 짧게는 몇백 년 동안 사용해 오던 우리말 지명으로 가득했다. 조선의 수도 서울도 예외가 아니었다. 그런데 지금은 역전되었다. 우리말 지명은 거의 사라지고 표기된 한자의 소리 지명이 전국뿐만 아니라 서울도 뒤덮고 있다. 밤섬은 서울에서 겨우겨우 힘겹게 살아남은 우리말 지명의 희귀한 사례 중 하나다.

6. 조선 최대의 항구, 삼개

요즘 사람들은 '나루'라고 하면 강의 이쪽과 저쪽을 오가며 사람들을 실어나르던 나룻배 한두 척이 정겹게 정박해 있는 곳으로만 생각한다. 철도와 자동차 등 육상교통의 눈부신 발달로 사라지다가 마지막까지 남아 있던 나루가 그런 곳이었기 때문이다. 하지만 생선과 소금, 쌀 등 곡물을 나르던 수많은 바닷배와 강배가 정박하여 화물을 싣고 내리던 나루도 많았다. 개항기 이후 그런 나루를 항구라고 불렀다.

조선의 바닷배는 사람이 많이 사는 육지 속으로 최대한 깊숙이 강을 거슬러 올라갔다. 그래서 개항 전의 큰 항구는 바닷가가 아니라 강가에 있었다. 낙동강의 삼랑진, 영산강의 영산포, 금강의 강경포

삼개나루터(1910년대) 출처: 한국학중앙연구원

삼개경로당

출처: 네이버 지도

등이 다 그런 항구였다. 그러면 조선에서 가장 컸던 항구는 어떤 나루였을까? 정답을 찾는 것은 별로 어렵지 않다. 전국에서 인구가 가장 밀집하여 소비자도 압도적으로 많았던 곳은 수도 서울이었고, 그중에서도 도성 안이었다. 이런 도성 안까지 가장 빠르게 해산물과 곡물을 나를 수 있는 한강가의 항구, 바로 삼개나루였다.

개성의 예성강가에 있었던 고려 최대의 나루 벽란도碧瀾渡는 이름만 들어도 국제 무역항이 쉽게 떠오르지만 조선의 국제 무역항은 떠오르질 않는다. 실제로는 있었는데 우리가 모르고 있는 것은 아닐까? 그렇진 않다. 조선에는 국제 무역항이랄 만한 곳이 없었다. 이는 조선만의 문제가 아니었다. 왜구가 14세기부터 16세기까지 동아시아의 바다를 휘젓고 다니며 해안가를 초토화한 여파로 조선과 중국, 일본 모두 해금海禁 정책을 강력하게 시행하였다. 동아시아의 바다에서 국제 무역이 급속히 쇠퇴하였고, 조선 최대의 항구 삼개나루에 국제 무역선을 찾아볼 수 없게 만들었다.

그런데 삼개나루가 지금의 어디인지 아는 사람이 많지 않다. 한자 麻(삼 마)와 浦(개 포)를 빌려 麻浦라고 기록했고, 지금은 삼개를 마포라고 부른다. 조선 최대의 항구 삼개나루는 마포대교의 북쪽 한강가에 있었다.

7. 동교동과 웃잔다리

요즘 어떤 정치 세력을 지칭할 때 그 정점에 있는 사람의 성이나 이름의 한 글자를 따서 '친윤계'니 '친명계'니 '친낙계'니 하는 용어가 사용되고 있다. 그런데 1970년대부터 2000년대 초반까지 30여 년 동안 우리나라 정치계를 풍미했던 대표적인 정치 세력을 가리키는 용어로 성이나 이름과는 아무런 관계가 없는 동교동계와 상도동계가 있었다. 아마 그 시대를 살았던 40대 이상의 사람들에게는 꽤나 익숙한 용어일 것이다. 동교동계는 지하철 2호선의 홍대입구역이 있는 마포구 동교동에 살았던 김대중 전 대통령을, 상도동계는 동작구 상도동에 살았던 김영삼 전 대통령을 따르는 정치 세력을 지칭했다. 오늘은 이 중에서 동교동의 지명 이야기를 하려고 한다.

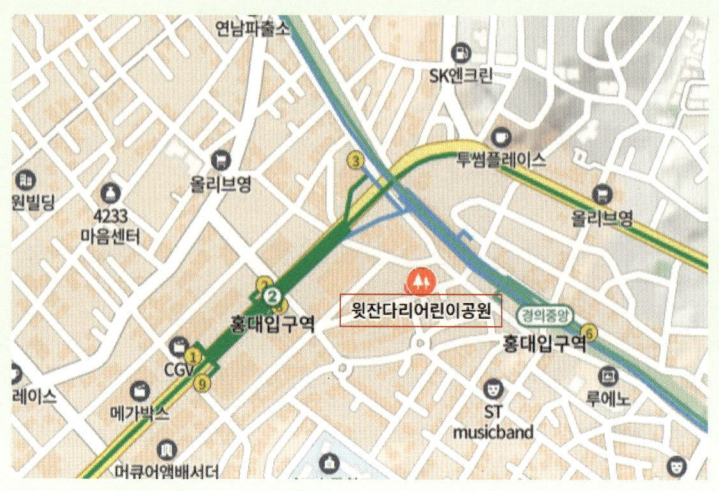

윗잔다리어린이공원
출처: 네이버 지도

지금으로부터 150여 년 전 서울에 와서 "동교동을 가려는데 어떻게 가야 합니까?" 이런 질문을 던지면 아무도 알아듣지 못했다. 동교동은 표기된 한자 東橋洞(동교동)의 소리였을 뿐, 당시의 사람들은 그곳을 우리말 지명인 '웃잔다리'로 부르고 있었기 때문이다. 동교동과 웃잔다리는 소리로서는 도저히 연결하기가 어렵다. 그러면 웃잔다리는 왜 東橋洞(동교동)이란 한자로 표기된 것일까?

우리말 지명 잔다리를 한자 細(가늘 세), 橋(다리 교), 里(마을 리)의 뜻을 빌려 細橋里로 표기했다. 우리말 '잘다'를 '가늘다'로 본 것이다. 마을은 둘로 나누어져 있었는데, 세교천의 상류에 있는 마을을

'웃잔다리'로 부르면서 한자로는 동북쪽에 있다고 하여 '東細橋里(동세교리)'로, 하류에 있는 마을을 '아랫잔다리'로 부르면서 한자로는 서남쪽에 있다고 하여 西細橋里(서세교리)로 표기하였다. 일제강점기에는 細를 생략하고 東橋里와 西橋里란 세 글자의 한자로 바꾸었고 서울로에 편입되면서 里를 洞으로 바꾸어 東橋洞과 西橋洞이 되었다. 동교동과 슬프게 사라진 웃잔다리, 두 지명을 연결할 수 있는 서울 사람이 몇이나 될까?

8. 소공동과 작은공줏골

 필자의 직장인 국립중앙도서관은 원래 중구 소공동에 있다가 1974년에 남산으로, 1988년에는 다시 서초구의 반포동으로 이전하여 현재에 이르고 있다. 입사 3년쯤 지나 도서관인의 자세를 조금이나마 갖추게 되면서 우리나라 도서관의 역사에 관심을 갖기 시작했다. 그때 눈에 들어온 것 중의 하나가 국립중앙도서관이 처음 있었던 '소공동'이란 지명이다. 서울특별시청과 명동 사이의 롯데백화점 주차장에는 '국립중앙도서관 옛터'라는 돌푯말이 있다.
 시골 소년으로 책에 목말라 있던 초등학교 시절, 아홉 살 많은 큰누님이 사다 주어 읽었던 전집 속의 『소공자』와 『소공녀』란 소설을 연상케 하는 이름이었다. 찾아보니 사람들이 부르던 '작은공줏골'

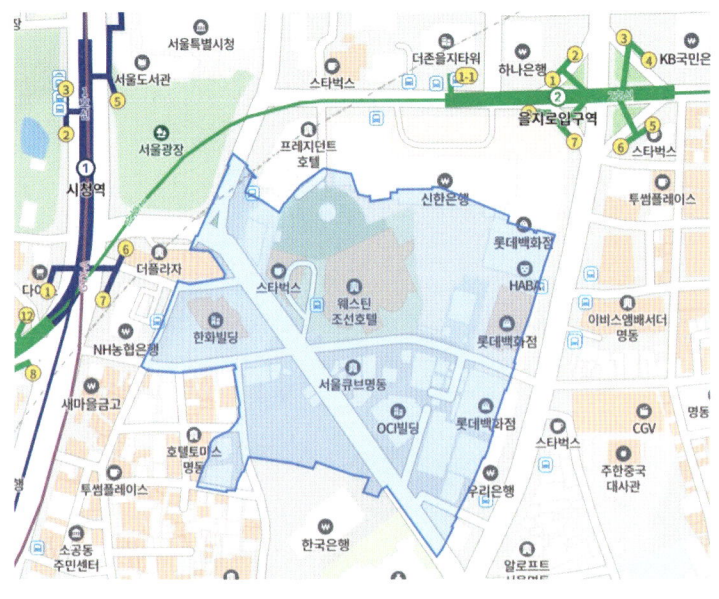

소공동
출처: 네이버 지도

이란 마을 이름을 한자 小(작을 소), 公主(공주), 洞(골 동)자를 빌려 小公主洞으로 표기했다가 줄여서 小公洞이라 썼다. 태종 이방원의 둘째 딸 경정공주慶貞公主(1387~1455)가 개국공신 조준의 아들 조대림과 결혼하여 살림을 차린 남별궁南別宮이 있던 곳이어서, 사람들은 작은 공주가 사는 마을이란 의미로 '작은공줏골'이라 불렀다고 한다.

소공동이란 이름에서 작은공줏골을 상상할 수 있는 사람은 별로 없다. 21세기 선진국 대한민국에서 서울은 모든 공간이 의미 있는 장소로 변하고 있다. 소공동은 설명을 읽거나 듣지 않으면 의미 있는 장소로 다가오지 않는다. 하지만 사람들이 일상적으로 불러왔던 작은공줏골은 그 이름을 듣거나 보는 순간 무수한 호기심이 일어날 것 같다. 경정공주의 삶에 어떤 특별한 일화나 정치적 의미가 있었는지는 앞으로 찾아봐야 할 일이다. 다만 지자체가 그것을 찾아서 의미 있는 장소로 만들 수 있도록 계기를 마련해 주어야 할 이름은 소공동이 아니라 '작은공줏골'이다. 남별궁이 있던 소공동의 어딘가에 도로명 주소로 '작은공주로' 또는 '작은공줏길' 하나 만들어 주면 그곳을 걷는 이들에게 궁금증의 즐거움을 선사할 수 있지 않을까?

9. 무침교와 무교동낙지

김정호의 『수선전도』를 비롯하여 조선 후기 서울의 고지도에는 남산에서 발원하여 북쪽으로 흘러 청계천에 합류하는 여러 하천이 그려져 있다. 지금은 모두 복개되어 길로 바뀌었는데, 이들 하천 위에는 많은 다리가 있었다. 그중 중구의 중구청사거리 동북쪽 신중부시장 부근의 하천 어딘가에 무침다리가 있었다. 서울의 고지도에서는 한자 無沈(무침)의 소리와 橋(다리 교)의 뜻을 빌려 無沈橋라 표기했다.

무침다리는 장마 때마다 남산으로부터 많은 모래가 쓸려 내려와 다리가 묻히기 때문에 붙은 이름이다. 그런데 한자 표기 무침교의 뜻은 잠김沈이 없는無 다리橋, 즉 묻히지 않는 다리로 우리말 이름

무교동에서 유명한 낙지볶음   출처: 한국관광공사

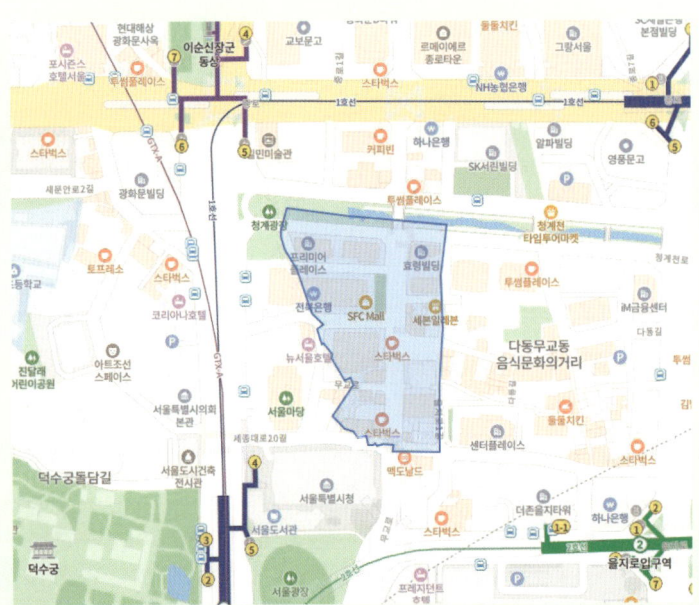

무교동   출처: 네이버 지도

과 뜻이 정반대다. 표기된 한자의 뜻으로 풀면 우리말 지명의 의미를 제대로 알기 어려운 것을 넘어 반대의 의미가 되어 버리는 대표적인 사례다. 표기된 한자 지명의 뜻을 풀이하여 우리말 지명을 설명하거나 유추하는 것은 틀릴 가능성이 있으니 늘 조심해야 할 일이다.

서울특별시청 바로 북쪽은 '무교동낙지'로 유명한 무교동이고, 무교武橋라는 다리 이름에서 기원하였다. 이 지역에는 원래 과일을 파는 가게인 모전毛廛이 있었고, 청계천에 있던 다리를 모전의 위쪽에 있다고 하여 웃모전다리, 또는 그냥 모전다리라고 불렀다. 한자로는 毛廛橋 또는 줄여서 毛橋라고 표기했다. 그런데 숭례문 북쪽에서 발원하여 청계천으로 합류하는 작은 하천에도 다리가 있었다. 모전의 아래쪽에 있어 다리 이름을 아래모전다리라고 불렀는데, 한자로 표기할 때 웃모전나리의 모교毛橋와 구분하기 위해 비슷한 소리의 무교武橋라고 표기했다.

毛橋와 武橋란 한자만 보면 두 다리의 우리말 이름이 밀접한 연관을 갖고 있다는 것을 알기 어렵다. 물론 한자의 소리인 모교와 무교도 마찬가지다. 부르던 이름을 한글로 표기했다면 아무런 혼란이 없었을 텐데 굳이 한자로 표기해서 왜 헷갈리게 만드는가? 아쉬움 섞인 진한 한숨이 절로 나온다.

10. 서울에서 가장 아름다운 마을 이름, 곤담골

누군가가 귀로 듣기에 서울에서 가장 아름다웠던 마을 이름을 말하라고 묻는다면 필자는 주저 없이 '곤담골'이라 말하고 싶다. 지금은 사용되지 않으니 대부분의 사람들이 처음 듣는 마을 이름일 것이고, 무슨 뜻인지 알 것 같기도 하면서 그렇다고 확 떠오르지는 않을 것 같다. '고운 담이 있는 마을'이란 의미라고 한다. '참 곱다' '참 곱네' 요즘에는 잘 쓰지 않는 말이지만 우리 어머니 아버지 때는 젊든, 나이가 지극하든 난정하고 아름다운 여인을 보았을 때 참 많이 쓰던 말이다. 옛날을 배경으로 한 드라마나 영화에서는 가끔 들을 수 있다.

조선 명종 때 중국어 통역관을 지낸 홍순언洪純彦(1530~1598)은 자

인사동에 있는 승동교회(2016년). 곤담골에 만든 곤담골교회를 인사동으로 옮기면서 이름을 바꾸었다.
출처: 한국관광공사

신의 집 담장에다 '孝弟忠信(효제충신)' 등의 글자를 수놓아 단장했다고 한다. 사람들이 보기에 이 담장이 참 고왔고, 그래서 고운담, 줄여서 곤담이라 불렀다고 한다. 더불어 그 마을도 곤담골로 부르기 시작하여 300년 이상 고유지명으로 정착했다. 지금은 곤담이 남아 있지 않으니 얼마나 고왔는지 확인할 수는 없다. 조선이 개국하고 나서 150여 년이 흐른 뒤에 만들어진 담장인데도 그동안 만들어졌을 수많은 대가댁의 모든 담장을 제치고 사람들이 마을 이름까지 곤담골이라 부르게 만들 정도였으니 충분히 짐작하고도 남겠다.

그런데 이렇게 고운 이름의 곤담골이 서울의 어디에 있는 마을인가? 혹시 기록에만 전하는 마을 이름인가? 아쉽지만 지금은 그렇다. 일제강점기 전만 하더라도 서울 도심의 한복판 요지인 남대문로의 을지로1가역 주변 지역을 차지하고 있던 마을 이름이었다. 한자로는 美(고울 미), 墻(담 장), 洞(골 동)을 빌려 美墻洞이라 표기했고, 줄여서 美洞이라 쓰는 경우가 더 많았다. 하지만 표기된 한자의 소리인 미장동, 미동에서 곤담골을 상상하기는 어렵다. 언젠가 이 지역의 도로명 주소 중 한 곳이라도 고운 이름 곤담골길이나 곤담길로 부활할 수 있다면 이 길을 걷는 모든 이의 눈과 귀가 즐겁지 아니하겠는가?

11. 명동성당과 종현성당

쇼핑의 메카로서 명동의 지위가 옛날 같진 않지만 외국인 관광객의 쇼핑 관련 방송 뉴스에서는 아직도 가장 많이 등장하는 단골 장소다. 50대 후반인 필자가 어쩌다 가 보면 한국인과 외국인 반반의 풍경이 펼쳐져 그 위력을 쉽게 실감한다. 그 명동의 동쪽 끝에 우리나라 가톨릭의 대표적인 상징인 명동성당이 있다. 1887년 겨울에 언덕을 깎아내는 정지 작업을 시작했지만 우여곡절을 겪다가 1892년 5월 8일에서야 기공식을 가졌고, 6년이 지난 1898년 5월 28일에 축성식을 거행했다고 한다. 이후 명동성당은 서울을 넘어 우리나라 전체에서 어느 건물, 어느 장소 못지않게 근현대 역사의 산증인 역할을 충실히 수행해 왔다.

명동성당

지금은 빌딩숲에 둘러싸여 도시 속에 숨었지만 건축 당시는 도성 안 어디에서 바라봐도 하늘 높이 우뚝한 명동성당의 모습은 탁월한 랜드마크의 역할을 했다. 다른 문명권이나 국가에서는 흔한 모습이겠지만 조선에서는 놀라운 광경이었다. 경복궁, 창덕궁, 창경궁, 경희궁, 덕수궁 등 궁궐의 건축물들도 당연히 탁월한 풍경을 자랑했다. 하지만 그것은 진입로부터였을 뿐 명동성당처럼 도성 안 어디에서도 바라보이는 탁월함은 아니었다. 조선은 궁궐을 포함하여 모든 건축물을, 도성 안 어디에서 바라봐도 보이는 탁월한 랜드마크의 형태로 만들지 않았다. 산 밑에 높고 웅장한 산의 위엄을 해치지 않는 선에서 건축물의 높이와 규모를 조절하여 만든 결과다. 그 이유는 풍수 때문인데, 당시 이런 식으로 도시 안의 건축물을 설계한 것은 세계에서 조선이 유일했다.

명동성당이란 이름은 해방 후 새로 만들어졌고, 그 이전에는 종현성당이라 불렸다고 한다. 왜 종현이란 지명이 앞에 붙은 걸까? 종현성당은 유럽에서처럼 더 높고 웅장하게 보일 수 있도록 북달재 또는 북고개라 불린 고개 위에 만들었고, 이 고개를 한자 鍾(쇠북 종)과 峴(고개 현)의 뜻을 빌려 鍾峴이라 표기했다. 이를 한자의 소리로 읽은 것이 종현성당인데, 혹시 당시의 일반 사람들은 북달재성당 또는 북고개성당으로 불렀을지도 모를 일이다.

12. 건천동과 마른냇골

2021년 4월 15일, 퇴계 선생 마지막 귀향길 재현 제2회 걷기 행사의 출발 기념식이 경복궁의 만춘전 앞에서 개최되었다. 1569년 음력 3월 4일 정오, 퇴계 선생이 경복궁의 사정전에서 18세의 임금 선조에게 마지막 하직 인사를 올린 후 출발하여 고향 안동의 도산서원을 향했던 14일의 마지막 여정을 재현하기 위한 행사였다. 총 육백 리(270km 정도)의 대장정으로, 스페인의 산티아고 순례길에 버금가는 대한민국의 대표 순례길을 꿈꾼다. 필자는 도산서원 측의 부탁으로 전 구간의 귀향길 고증과 지도화, 그리고 행사 전 11일에 걸친 도보 답사의 안내 책임을 맡아 실행하였다. 하루 종일 25~30km 정도를 걸어가며 보고 들으며 느끼는 우리 국토는 형언

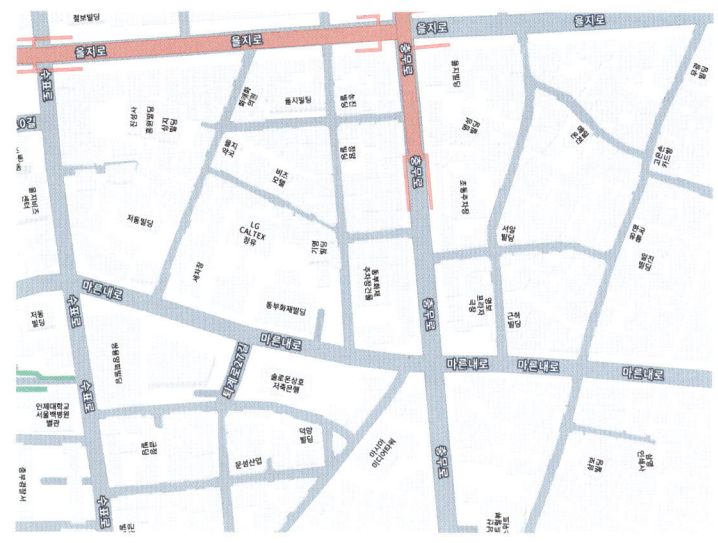

마른내로
출처: 네이버 지도

하기 어려운 색다른 아름다움과 감동을 선사한다.

퇴계 선생 마지막 귀향길 고증은 드문드문 기록으로 남은 여정의 지명과 옛길을 찾아 연결하는 것이었다. 이때 도산서원 측으로부터 전달받은 도성 안의 지명은 경복궁을 나와 서울 집에 잠시 들러 쉬었다는 건천동乾川洞이 유일했다. 지하철 2호선의 을지로3가역 동남쪽 지역을 가리킨다. 우리말 지명인 '마른냇골'을 한자로 乾(마를 건), 川(내 천), 洞(골 동)을 빌려 표기한 것이다. 남산에서 흘러내려 청계천으로 합류하는 하천으로 비가 올 때만 물이 흐르고 비

충무공 이순신 생가터 표지석
출처: 중구 블로그

가 오지 않는 시기에는 말라 있는 '마른내'가 있는 마을이어서 붙은 이름이다. 감사하게도 도로명 주소를 만들 때 명동성당사거리부터 광희동사거리까지 이어진 약 2km 구간의 동서도로 이름을 '마른 내로'라고 붙여주었다.

'마른냇골'은 우리나라 최고의 영웅 이순신(1545~1598) 장군이 태어난 곳이기도 하다. 퇴계 선생 마지막 귀향길이었던 '마른내로'를 따라가다 보면 명보사거리 명보아트홀 앞에 '충무공이순신생가터' 표지석이 있다. 1569년 음력 3월 4일, 스물다섯 청년 이순신이 마지막 귀향길의 예순아홉 퇴계 선생을 바라보며 자신의 미래를 다시 설계했을지도 모를 일이다.

13. 서울에서 유래가 가장 재밌는 동명, 필동

작년 말 천만 관객을 넘은 영화 '서울의 봄'에서 수도경비사령부를 필동이라 부르는 대목이 나온다. 1989년 남산 제모습 찾기사업에 따라 서울시가 그 부지를 인수하였고, 1998년 남산골 한옥마을로 재탄생하면서 서울을 찾는 국내외 수백만 관광객의 주요 명소 중의 한 곳이 되었다. 필동의 한자는 筆洞(필동)이고, 사람들이 부르던 지명인 '붓골'을 한자 筆(붓 필)과 洞(골 동)을 써서 표기했던 것이 일제강점기를 지나면서 아예 필동으로 불리게 되었다.

필동의 원래 이름이 붓골이고, 그것의 한자 표기에 붓 필筆이 들어가니 누구든 먹물을 묻혀 글씨를 쓰는 붓과 관련된 유래가 있을 것으로 짐작할 수 있다. 하지만 그런 붓과는 아무런 관련이 없다. 그

영화 〈서울의 봄〉 포스터

필동의 명소 남산골 한옥마을

유래를 따라가다 보면 '지명이 이렇게도 바뀔 수가 있구나!'라는 놀라움을 만나게 된다. 누군가 서울에서 유래가 가장 재밌는 동명을 제시하라고 말한다면 필자는 주저 없이 필동을 들고 싶다.

조선의 수도 한성부는 요즘의 區구에 해당되는 중부·동부·서부·북부·남부의 5부部로 나누고, 부 밑에는 요즘의 동洞에 해당되는 방坊을 두어 도시의 행정을 운영하였다. 그중 남부의 관청이 있는 곳을 남붓골이라고 하였는데, 언젠가부터 줄여서 붓골로 불렀다고 한다. 이 붓골이 한자 표기 筆洞(필동)을 거쳐 일제강점기부터는 아예 한자의 소리 필동으로 읽고 부르게 된 것이다.

붓골은 작은공줏길과 곤담골길 못지않게 무한한 호기심을 불러일으킬 만한 지명이니 필동 어딘가의 도로명 주소에 붓골길을 붙여 주면 참 좋지 않을까? 만약 이런 소망이 이루어진다면 그 길을 걷는 어떤 이는 글씨를 쓰던 붓을 상상할 수도 있겠고, 또 어떤 이는 아름다운 붓꽃을 연상할지도 모르겠다. 그러다 남붓골에서 왔다는 것을 알면 놀라움의 또 다른 선물을 받지 않을까? 한자 표기 지명의 유래를 한자의 뜻으로 풀이하면 낭패 보기 쉬움을 알려주는 대표적인 사례 중의 하나가 바로 필동이다.

14. 첫다리와 두다리

얼마 전 삼겹살 관련 다큐멘터리에서 기록으로 가장 오래된 자료가 일제강점기의 것이라는 내용을 보았다. 그런데 그때는 '삼'겹살이 아니라 '세'겹살이라고 했다가 나중에 바뀌었다고 한다. 귀에 쏙 들어왔다. 언젠가부터 음식에서도 다는 아니겠지만 우리말이 한자의 소리로 변해 가는 현상이 있었음을 확인하는 순간이었다.

김정호가 1840년대에 제작한 서울 지도인 『수선전도首善全圖』는 보면 볼수록 명품이다. 목판에 새겨 인쇄했음에도 도봉산, 북한산, 백악산 그리고 좌우로 겹겹이 뻗어내려 서울을 감싸는 산줄기의 흐름이 마치 한 폭의 산수화를 보는 것 같다. 굳이 이렇게까지 아름답게 만들 필요가 있을까? 살짝 의문이 들 수 있지만 이는 김정호

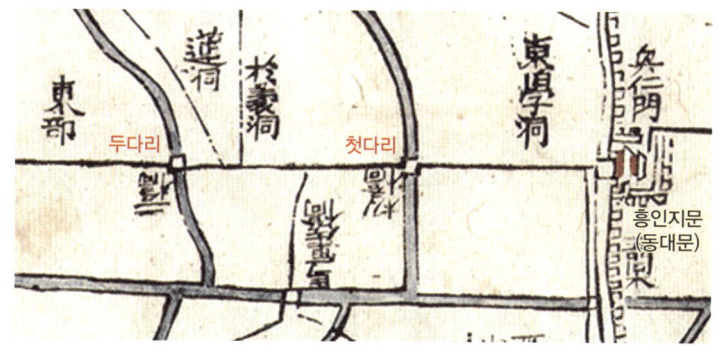

대동여지도의 '첫다리와 두다리'
출처: 규장각한국학연구원

를 잘 모르기 때문이다.

김정호는 지도를 먹고 살기 위해 만들어야 했던 사람이고, 잘 팔리려면 소비자의 기호를 정확하게 파악하고 있어야 했다. 남북 1m 정도 크기의 『수선전도』는 소비자에게 서울의 지리정보를 제공하는 기능이 분명히 있었지만 그건 가끔이다. 일상적으로 더 중요한 것은 필자가 어렸을 때 큰댁의 안방과 초등학교 교장실의 벽면에서 보았던 우리나라 전도처럼 벽에 걸어 놓기에 보기 좋은 장식품의 용도이다. 그러니 아름답게 만들어야 잘 팔릴 수 있는 것이고, 김정호는 이런 소비자의 기호를 잘 파악하여 누가 봐도 아름다운 서울지도인 『수선전도』란 제품을 만들어 세상에 선보여 히트 상품으로 성공시켰다.

『수선전도』에는 서울 도성 안 북쪽의 매봉鷹峯에서 흘러내린 두 개의 하천이 동쪽의 흥인지문과 서쪽의 돈의문을 연결하는 동서대로와 만난다. 그곳에는 두 개의 다리가 놓였는데, 흥인지문부터 초교初橋와 이교二橋의 한자 이름이 적혀 있다. 그런데 조선시대 사람들은 그것의 한자 소리인 초교와 이교로 부르지 않았다. 흥인지문에서 첫 번째 다리라는 의미의 '첫다리', 두 번째 다리라는 뜻의 '두다리'로 불렀다. 요즘의 삼거리와 사거리도 세거리와 네거리였다. 세월이 무심타.

15. 돈암동과 되너미고개

서울 성곽의 혜화문 밖 성북구의 돈암동에서 미아동으로 넘어가는 고개 이름을 미아리고개라 부른다. 일제강점기 미아동 지역에 조선인 공동묘지가 조성되었고, 서울에 살던 사람이 이 고개를 넘어 묻히면 다시 돌아오지 못한다는 의미가 부각되어 미아리고개란 이름으로 불리게 되었다고 한다. 1956년 한국전쟁의 아픔을 노래한 대중가요 '단장의 미아리고개'가, 2013년에는 신세대의 연애상을 담고 있는 금잔디의 트로트풍 '신미아리고개'가 널리 유행하면시 기성세대든 젊은 층이든 전국적으로 가장 유명한 고개 중의 하나가 되었다.

김정호의 『대동여지도』에는 미아리고개가 狄踰峴(적유현)으로 나

미아리고개 주변(1998년)
출처: 서울연구데이터서비스

온다. 사람들이 일상적으로 부르던 우리말 지명인 '되너미고개'를 오랑캐 狄(적), 넘을 踰(유), 고개 峴(현)을 빌려 적유현狄踰峴이라 기록한 것으로, 오랑캐 胡(호)자를 써서 호유현胡踰峴이라 표기한 자료도 있다. '되놈이 넘나들던 고개'란 의미인데, 여기서 되놈은 오랑캐로 여긴 여진족, 특히 두만강 가에 살던 여진족을 비하하던 우리말이다. 여진족 사신들이 서울을 오고 갈 때 동북쪽의 혜화

문과 이 고개를 거쳤기 때문에 자연스럽게 생긴 이름이다. 평화적이든 적대적이든 여진족과의 교류가 잦았던 평안도나 함경도 등에서 발견되는 지명이기도 하다. 되놈과 뙤놈 또는 떼놈은 여진족의 청나라가 중국 전체를 지배하면서 중국인 전체를 비하하는 의미로 확장되었다고 한다.

구한말경 되너미고개를 포함한 마을이 한성부의 동서(東署) 관할 숭신방 동신외계 아래의 독자적인 행정단위로 편제되게 되었다. 이때 사람들은 이 마을을 '되너미고개'라고 불렀는데, 한자 두 글자의 행정지명으로 차마 오랑캐의 의미가 담긴 한자인 적유狄踰 또는 호유胡踰란 한자를 쓰긴 싫었던 모양이다. 그래서 '되너미'와 소리가 비슷하면서 좋은 의미의 도타울 돈敦자가 들어간 돈암리敦巖里로 표기하였다. 되너미와 돈암, 비슷하게 들리지 않는가? 옛날이나 지금이나 이왕이면 좋은 의미의 한자를 택하고픈 마음은 똑같은 것 같다.

16. 삼각산, 뿔 세 개와 소귀 두 개

〈어서와~ 한국은 처음이지?〉란 예능 프로그램에서 허허벌판의 도시에만 살던 외국인이 서울을 처음 방문하여 북쪽에 우뚝 솟은 북한산을 보고는 깜짝 놀라는 장면을 여러 번 봤다. 세계에 산은 많고, 북한산보다 더 멋진 산을 찾는 것도 어렵지 않다. 하지만 북한산만큼 멋진 산이 도시 가까이서 함께 호흡하며 살아가는 세계의 도시는 생각보다 많지 않다. 뉴욕, 워싱턴, 파리, 런던, 베를린, 모스크바, 시드니, 델리, 방콕 등등 일일이 셀 수 없이 많은 세계적인 도시들이 산이 저 멀리 물러간 허허벌판에서 번영한다. 그러니 서울과 북한산이 어우러진 풍경은 세계 속의 도시 서울의 대표 브랜드 중 하나로 홍보할 수 있는 우리의 소중한 자산이다.

우이동에서 바라본 북한산

우이동
출처: 네이버 지도

서울 북쪽에 있는 산을 북한산으로 지칭하기 시작한 것은 오래되지 않았다. 초대형의 북한산성을 대대적으로 수축했던 조선 숙종(재위: 1661~1720) 때부터다. 조선 전기 인문 지리서인 『신증동국여지승람』(1531)에 기록된 이 산의 대표 이름은 三角山(삼각산)이다. 백운대, 인수봉, 만경대의 세 봉우리가 거대한 뿔처럼 하늘 높이 솟은 산이란 의미인데, 멀리서 보면 실제로 그렇게 보인다.

아주 오래전부터 북한산이 백운대와 인수봉, 만경대의 뿔 세 개가 아니라 백운대와 인수봉의 소귀 두 개처럼 보인다는 사람들이 있었다. 멀리서가 아니라 두 봉우리 아래쪽 가까이 가서 보면 실제로도 그렇게 보인다. 그래서 그들은 두 봉우리 밑의 마을 이름을 '소귀'로, 두 봉우리에서 발원하여 동남쪽의 중랑천으로 합류하는 하천 이름을 '소귀내'로, 그 마을에서 산 너머 양주시의 장흥면으로 넘어가는 고개 이름을 '소귀고개'라고 불렀다. 문헌과 지도에서는 牛(소 우), 耳(귀 이), 里(마을 리), 川(내 천), 嶺(고개 령) 등의 한자 뜻을 빌려 牛耳里, 牛耳川, 牛耳嶺으로 표기했다. 일제강점기 이후, '소귀'와 '소귀내'는 우이동과 우이천으로 바뀌었고 지금은 '소귀고개'만 외로이 북한산 둘레길을 지키고 있다.

17. 수유동과 무너미고개

4.19혁명의 희생자들이 묻힌 곳, 4.19민주묘역이 있는 곳은 서울시 강북구의 수유동이고, 그 이름은 수유현水踰峴이란 고개에서 왔다. 비록 아주 낮은 고개지만 비가 오면 북쪽의 물은 우이천으로, 남쪽의 물은 월곡천으로 흘러간다. 우리말 지명은 무너미고개로 한자 水(물 수), 踰(넘을 유), 峴(고개 현)의 뜻을 빌려 표기한 것이 수유현이다. 무너미경로당의 이름으로 남아 있긴 하지만 서울 사람이라고 하더라도 수유동, 수유역 등의 한자 지명은 많이 들어 봤어도 무너미 또는 무너미고개란 우리말 지명은 거의 들어 보지 못했을 것 같다. 이 무너미고개의 이름은 여차하면 이쪽과 저쪽의 물이 넘쳐 흐를 정도로 낮은 고개이기 때문에 붙은 것이라고 전해진다. 하지

수유동
출처: 네이버 지도

만 이런 설명이 꼭 맞는다고 보기 어려운 사례도 있다.
서울시 관악구 서울대학교 서쪽의 도림천 유역에서 안양시 석수동과 비산동의 경계를 흐르는 삼성천 유역으로 넘어가는 고개의 이름도 무너미고개다. 관악산(632.2m)의 산줄기가 낮아지다가 다시 높아져 삼성산(489.9m)으로 솟아나는 경계선 역할을 하는 고개로서 그 높이가 결코 낮지 않다. 누구도 숨을 헐떡이지 않고는 걸어 넘을 수 없고, 체력이 약한 사람이라면 중간에 몇 번이고 쉬면서 넘어가야 한다. 관악산과 삼성산 사이에서 가장 낮은 고개라는 점은 맞지만 이쪽과 저쪽의 물이 넘쳐흐를 정도로 낮은 고개라서 이런 이름이 붙었다고 보기는 어렵다.

무너미는 문지방의 사투리라고도 한다. 쉽게 넘나드는 문지방처럼 어떤 지역에서 그래도 쉽게 넘을 수 있는 가장 낮은 고개라는 의미를 갖고 있을지도 모를 일이다. 네이버, 다음, 구글 등의 인터넷 포털 지도에서 '무너미' 또는 비슷한 이름인 '무네미'로 검색해 보면 생각보다 많은 곳이 나온다. 필자가 다 가보지 않았기에 확언하지는 않겠지만 어떤 지역에서 가장 낮은 고개의 이름일 것이다. 그 이름이 있는 지역에서 확인해 주시면 감사하겠다.

18. 대마도 정벌군이 출발한 나루, 두뭇개

지하철 5호선과 경의중앙선이 교차하는 곳에 옥수역이 있고, 바로 옆 안쪽의 두뭇개나루터공원에는 울창한 느티나무가 넓은 그늘을 제공한다. 그 아래 한글로 '기해동정' 기념비가 서 있다. 일반적으로 사용되지 않는 한자 문구를 한글로만 써 놓으니 무슨 뜻인지 선뜻 다가오지 않는다. 한자까지 써보면 己亥東征(기해동정)으로, '기해년인 1419년 동쪽의 일본을 정벌하다'는 뜻이다. 설명문에는 『세종실록』 1419년 5월 18일 자에 기록된 "상왕(태종)과 임금(세종)이 두뭇개豆毛浦 백사장에 거둥하여 이종무 등 여덟 장수를 전송하고, 상왕이 친히 여러 장수에게 술을 하사하여 군관마다 술을 줄 때 환관 최한에게 술을 돌리게 하고, 여러 장수에게 활과 화살을 주었

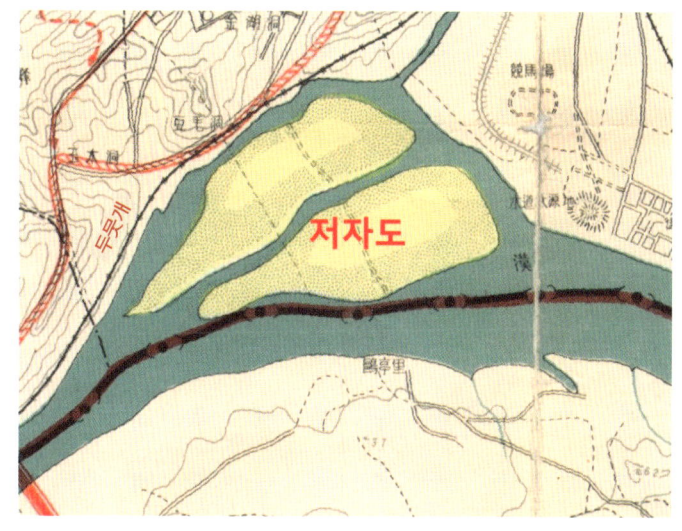

두뭇개와 저자도
출처: 서울기록원

다."는 내용이 맨 앞에 나온다.

태종과 세종은 서울 한강가의 가장 큰 나루 삼개도 아니고 전국의 세곡선이 모이던 나루 용산도 아닌 두뭇개의 백사장에서 왜 대마도 출정식을 거행한 것일까? 비밀의 열쇠는 세 가지다. 첫째, 오가는 길이 좀 험해서 물자를 나르기는 어렵지만 경복궁과 창덕궁에서 걷거나 말과 가마를 타고 가장 빨리 갈 수 있는 가장 가까운 한강가의 나루가 두뭇개였다. 둘째, 두뭇개 앞에는 홍수 때면 물에 잠기어 사람이 전혀 살지 않아 대규모 출정식을 거행할 수 있는 엄청난 크기의 모래섬 저자도가 있었다. 셋째, 저자도와 두뭇개 사이에는 수많은 병선이 거슬러 올라와 정박할 수 있는 호수같이 넓고 잔잔하며 깊은 동호東湖가 있었다. 다 참가했는지는 모르겠으나 병선 270척, 병사 17,000여 명을 동원한 대규모 정벌군의 출정식을 거행하기에 이보다 더 좋은 조건을 갖춘 한강가의 나루는 찾기 어렵다.

1569년 음력 3월 5일, 퇴계 선생의 마지막 귀향길을 배웅하기 위해 궁궐과 관청을 비우고 따라 나온 고위 관리들과 대규모의 이별식을 거행한 곳도 저자도였다. 선조 임금의 배려로 퇴계 선생은 두뭇개 나루에서 배를 타고 충주를 향해 출발했다.

19. 동재기나루, 조선에서 가장 붐빈 나루

조선에는 강의 이쪽과 저쪽을 건너 오가려는 사람들을 태워 나르던 나루가 수없이 많았다. 옛날에 있었던 모든 나루를 알 수는 없지만 서울부터 충주까지 한강과 남한강을 따라 옛날의 나루터를 답사해 본 필자의 경험으로는 조밀한 지역은 몇 km 간격마다 하나씩 있었다. 그만큼 나루가 많았다는 의미인데, 오늘은 이런 뜬금없는 질문으로 시작해 보려고 한다.

"조선에서 가장 많은 사람이 건너다닌 나루는 어디였을까?"

나루를 건너다닌 사람들의 통계가 작성되었을 리 없고, 있었더라도 지금까지 전해지는 것은 없다. 그러니 앞의 질문은 하나마나한 질문으로 보일 수 있다. 하지만 필자는 정답을 알고 있다. 국립서울

정선, 동작진 출처: 한국학중앙연구원

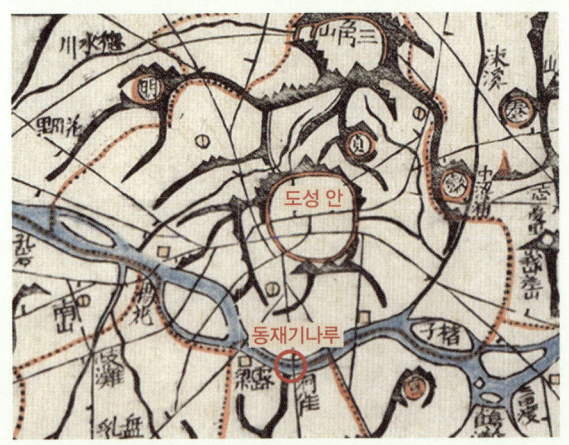

대동여지도의 동재기나루 출처: 규장각한국학연구원

현충원의 정문 부근에 있었던 동재기나루다. '동재기나루'의 동재기를 한자 銅(구리 동)과 雀(참새 작)의 소리를 빌려 銅雀으로 표기했다가 지금은 그 소리인 동작으로 부르고 있다. 동작동, 동작구, 동작대교 등의 이름이 다 여기에서 비롯되었다.『대동여지도』에는 銅(구리 동) 대신 洞(골 동)으로 바꾸어 洞雀으로 쓰기도 했다.

동재기나루가 조선에서 가장 붐빈 나루였음을 알려주는 자료는 정리표程里表란 고문헌인데, 도리표道里表라 부르기도 했다. 전국에서 사람들이 가장 많이 오가던 도시는 당연히 수도 서울이었고, 정리표程里表는 수도 서울京로부터 전국 팔도의 모든 고을과 병영·수영 등의 주요 군사기지를 연결한 도로 정보를 정리해 놓은, 쉽게 말해 전국 도로 안내책이다.

서울을 중심으로 9개의 대로로 나누었고, 그중에서 서울에서 남쪽으로 해남을 거쳐 제주를 오가던 길에는 전라도 56개 전체, 충청도 54개 중 44개, 경상도 서남부 9개, 경기도 서남부 4개 등 총 113개의 고을이 연결되어 있다. 이는 전국의 고을 수 335개의 1/3을 넘으며, 전국에서 가장 비옥하고 넓은 평야를 갖고 있는 지역이기도 하다. 이 길이 서울과 만나는 한강의 나루가 바로 동재기나루다. 더 이상 말이 필요 없을 것 같다.

20. 서울특별시 서리풀이구 서릿개대로 201

'서울특별시 서리풀이구 서릿개대로 201', 어느 국가기관의 주소를 100여 년 전의 사람들이 일상적으로 부르던 우리말 지명으로 바꾸어 써 본 것이다. 어디일까? 정답은 마지막에 자연스럽게 알게 될 것이다.

'서울'을 모르는 사람은 당연히 없을 것 같다. 다만 모든 광역지방자치단체, 기초지방자치단체 중 유일하게 우리말 지명을 쓰는 곳이 대한민국의 수도 시울이라는 사실민은 상기시키고 싶다. 우리말 지명을 지방자치단체에 쓰면 어색하다고 생각할지 모르겠지만 '서울' 대신 수도란 의미의 한자 지명인 경성京城, 경도京都, 왕성王城 등으로 쓰면 이 또한 어색하지 않은가. 어색함은 얼마나 많이 사

국립중앙도서관

용하여 익숙하냐 아니냐의 문제일 뿐이다.

'서리풀이'는 서초구의 서초동에 있던 마을로 그 의미에 대해서는 의견이 분분하다. 한자로 瑞(상서로울 서)의 소리와 草(풀 초)의 뜻을 빌려 瑞草라고 썼다가 지금은 한자 소리 '서초'로 부르고 있다. 그런데 한자 霜(서리 상)과 草(풀 초)의 뜻을 빌려 霜草라고 쓴 문헌도 있다. 霜草와 瑞草의 한자 지명이 병존하다가 瑞草가 선택되어 일제강점기를 거쳐 지금까지 이어진 것으로 보면 된다.

'서릿개'는 서초구의 반포동에 있던 마을로, '서리다'는 뱀이 또아리를 튼 것처럼 둥그렇게 감겨 있는 모습을, '개'는 물가를 가리키는 말로 하천의 이름으로도 쓰였다. 지금의 반포천이 둥그렇게 굽어 흘러 한강에 합류되기 때문에 붙은 이름이라 한다. 한자 蟠(서릴 반)과 浦(개 포)의 뜻을 빌려 蟠浦라고 썼다가 '서리다'와 비슷한 '굽다 또는 구불구불하다'는 의미도 가진 盤(소반 반)으로 바꾸어 盤浦로 기록된 후 지금은 '반포'로 부르고 있다.

이제 정답을 짐작할 수 있지 않을까 한다. 필자의 직장 국립중앙도서관의 주소인 '서울특별시 서초구 반포대로 201'을 우리말 지명으로 바꿔 본 것이다. 혹시 여러분의 직장 또는 집 주소의 일부라도 이런 식으로 바꿔 보면 재밌지 않을까?

21. 청담동 어머니, 판교 어머니

2013년, MBC에서 50부작으로 방영한 드라마 〈금 나와라 뚝딱!〉이 평균 시청률 22%의 대박을 쳤다. 보석회사 회장댁과 평범한 소시민 가족의 구성원들이 얽히고설켜 갈등하고 화합하는 내용으로, 드라마에서 자주 다루는 주제다. 필자 같은 소시민이 접할 수 없고 실제로 존재하는지도 의심스러운 허구의 세계지만, 가족 구성원 사이의 짠하면서도 따뜻한 디테일을 잘 담아냈다.

보석회사 회장에겐 세 명의 부인이 있다. 조강지처는 쫓겨나 소시민 동네에 살고 있고, 두 번째 부인이 청담동 본가를 차지했으며, 세 번째 부인은 판교에 아파트를 얻어 생활한다. 드라마에서 세 아들은 두 번째 부인을 청담동어머니로, 세 번째 부인을 판교어머니

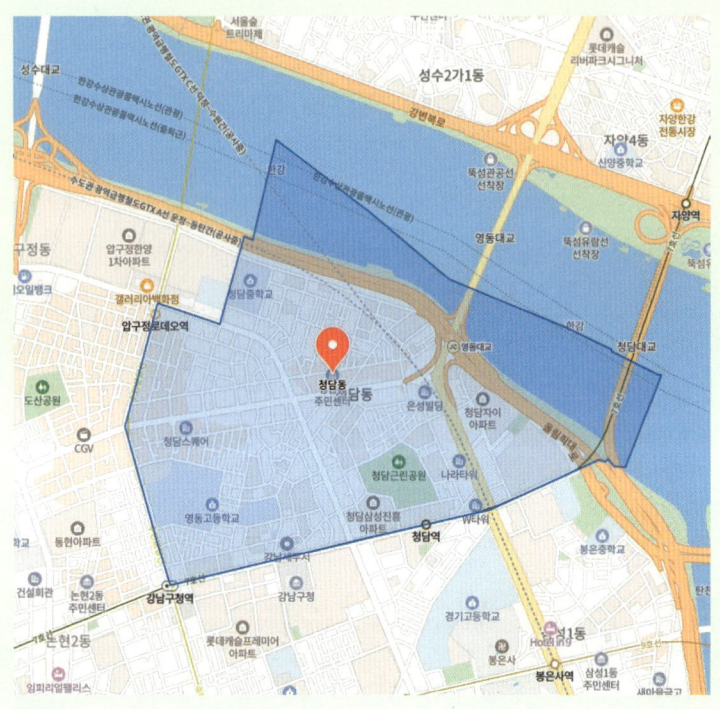

청담동
출처: 네이버 지도

로 부른다. 청담동은 압구정동과 더불어 강남 최고 부촌의 이미지가 확고한 지명이고, 판교는 신도시의 고급 이미지가 있지만 아직 청담동에는 미치지 못한 지명이다. 드라마 작가가 보석회사 회장 댁의 복잡한 서열 및 갈등 구조를 지명의 공간 이미지로 잘 구성하였다.

청담동의 우리말 지명은 청숫골이었다. 옛날에는 연못을 '소'나 '쏘'로 부르는 경우가 꽤 있었다. 마을 앞의 한강이 맑고 잔잔한 '소' 같아서, 또는 마을에 맑고 잔잔한 '소'가 있어서 청숫골 또는 숫골이라 불렸다는 이야기가 전해진다. 필자는 어느 것이 맞는지 모르겠고, 둘 다 틀릴 수도 있다고 본다. 청수를 한자 淸(맑을 청)의 소리와 潭(못·소 담)의 뜻을 빌려 淸潭이라 표기했고, 지금은 한자의 소리인 청담동으로 부르고 있다. 인터넷 지도에서 검색해 보니 청담동에 청숫골의 이름을 붙인 뷔페, 한식점, 정육점이 있어 반가웠다.

영남대로에 술막이 있던 판교의 우리말 지명은 너더리다. 운중천 위에 널(판자)로 만든 다리가 있었고, 그 널다리의 발음이 변해 너더리가 되었다. 한자 板(널 판)과 橋(다리 교)의 뜻을 빌려 板橋라고 썼고, 지금은 역시 한자의 소리인 판교로 부르고 있다. 전국적으로 꽤 있던 지명으로, 판교에서는 널다리교와 너더리육교의 이름에 살아 있다.

22. 몽촌과 웅진, 곰말과 곰나루

475년 9월, 고구려군 3만이 백제의 수도 한성을 포위하여 북쪽 성을 공격한 지 7일 만에 함락시키고 남쪽 성으로 옮겨 공격하자 개루왕이 성문을 나가 도망하다가 잡혀서 처형당했다. 아들 문주가 두 신하와 함께 남쪽 신라로 가서 구원병 1만을 데리고 돌아왔지만 수도 한성은 이미 파괴되고 아버지도 살해되었기에 백제의 22대 임금으로 오른 후 그해 10월에 곰나루熊津로 수도를 옮겼다.

고구려군이 한성을 공격할 때 개루왕이 들어가 시키고 있던 남쪽 성은 지금의 몽촌토성이다. 백제가 곰나루로 수도를 옮긴 후 성은 완전히 폐허가 되었고, 얼마 후 사람들이 그곳에 들어가 살면서 마을을 이루었다. 그리고는 마을의 이름을 곰말이라고 부르기 시작

몽촌토성
출처: 국가유산청

했고, 한자로는 夢(꿈 몽)과 村(마을 촌)의 뜻을 빌려 夢村(몽촌)이라 표기했다. 1970년대의 강남 개발과 88올림픽의 개최를 계기로 대대적인 정비가 이루어지고 그곳을 곰말이라 부르던 마을 사람들은 모두 떠났다. 이제 그곳이 곰말이었음을 아는 사람은 거의 없게 되었다.

지금까지의 이야기 속에 뭔가 깊은 상관관계가 있을 것으로 짐작할 수 있는 두 개의 이름이 있다. 곰말과 곰나루다. 곰나루에서의 '곰'은 우리가 너무나 잘 알고 있는 몸집이 거대한 동물이 아니다. 몽골-만주-한반도에서 어느 지역, 어느 국가, 어느 민족, 어느 부족의 우두머리를 지칭했던 칸·한·간·금과 같은 뜻의 약간 다른 소리다. 곰나루는 백제가 수도를 건설하여 임금이 사는 나루, 즉 항구도시란 의미를 담고 있다. 그렇다면 곰말의 의미도 쉽게 이해할 수 있지 않을까? '백제의 임금이 살던 왕성에 들어선 마을'이란 뜻이다.

夢村(몽촌)과 熊津(웅진)이란 한자 지명에서는 뜻과 소리 어느 측면에서도 연관성을 찾기가 어렵다. 하지만 우리 조상들이 천오백 년 넘게 불러왔던 곰말과 곰나루란 우리말 지명에서는 역사적 연관성을 쉽게 짐작할 수 있다. 부르던 이름을 잃어버린 우리, 아쉽지 않은가?

23. 여의도의 샛강과 잠실의 새내

높고 큰 서울 건축물의 불빛이 빚어내는 한강의 밤 풍경은 정말 멋지다. 세계 6대 마라톤대회를 모두 완주하며 많은 외국 여행을 다닌 필자의 동료 선생님은 한강만큼 멋진 강을 다른 나라에서는 본 적이 없다고 했다. 낮 풍경도 그렇지만 밤 풍경은 특히 비교 불가란다. 버스나 자가용을 타고 여의도 등 한강가의 한곳에 가서 보는 밤 풍경도 분명 멋지지만 한강가를 따라 길게 걸어가며 시시각각 변해 가는 한강의 밤 풍경을 경험하는 것은 황홀 그 자체다. 세계저인 밤 풍경이라 자신 있게 말해도 틀리지 않는다.

한강가를 따라 길게 걷다 보면 의외로 도시의 빌딩숲이 전혀 또는 거의 보이지 않는 곳도 만난다. 필자의 경험으로는 두 곳인데, 그중

여의도 샛강과 잠실의 새내

의 하나가 여의도의 샛강이다. 여의도를 개발할 때 없애고 싶었지만 홍수 때 넘치는 물을 조금이라도 더 감당하라고 남겨두었다는 이야기를 어렴풋이 들은 것 같다. 아마 그때는 황폐하게 보이는 풍경이리 없애고 싶었을지도 모른다. 다행히 우리나리가 잘 살게 되면서 샛강은 시내가 흐르고 나무가 무성한 멋진 숲속공원으로 재탄생했다. 그 속에 흠뻑 젖어들면 꿈속의 동화나라를 걷는 느낌이 든다.

샛강의 이름도 잘 지었다. 누구든 알아듣기 쉽다. 강이야 한자 소리지만 '샛'은 '사이'라는 우리말로, 한강에서 본류가 아닌 작은 강이라는 의미다. 그런데 강까지도 우리말로 바꾸면 무엇일까? 서울에 그런 지명이 남아 있다. 잠실의 새내다. 잠실은 원래 섬이었고, 한강의 본류는 잠실 동쪽의 석촌호수가 있는 곳으로 흘렀다. 서쪽으로는 평소에는 좁게 흐르다 홍수 때만 물이 많아 새내라고 불렀는데, 강남 재개발 때 본류를 막아 버리고 대신 새내를 엄청나게 늘려서 본류로 만들었다.

한자로 新(새 신)과 川(내 천)의 뜻을 빌려 新川이라 표기했고, 일제강점기 이후 한자 소리인 신천리와 신천동으로 불렀다. 그리고 이

잠실새내역 명판
출처: 오모군

곳에 있던 지하철2호선의 역명도 신천역으로 정했는데, 2016년 12월 잠실새내역으로 개명했다. 관계자 여러분께 고맙고 감사한 필자의 마음을 전한다.

24. 웰컴 투 '동막골'

2005년 〈웰컴 투 동막골〉이라는 영화가 상영되어 큰 인기를 끌었다. 한국전쟁이 한창이던 1950년 11월, 우리의 국군과 북한 인민군, 추락한 미군 전투기 조종사 스미스 그리고 동막골 주민들이 이념을 떠나, 적군과 아군의 구별을 넘어 함께 위기를 극복하며 우정을 나누는 스토리다. 이때 동막골 주민들은 전쟁이 났는지도 모르고 있었다. 필자가 여기서 주목한 것 중의 하나는 전쟁이 벌어진 지 4개월이 지났고, 이미 군인뿐만 아니라 민간인을 합해 수십만 명이 죽었으며, 낙동강 전선까지 밀렸다가 3·8선을 넘어 압록강까지 진격하던 그 시기에 주민들이 전쟁이 났는지도 모르는 마을의 이름을 '동막골'로 설정했다는 점이다. 시나리오 작가나 감독은 세상에

영화 〈웰컴 투 동막골〉 포스터

서 가장 외지고 단절된 마을을 '동막골'이라는 이름으로 이미지 메이킹을 한 것인데, 그러면 왜 하필 '동막골'이었을까?

〈웰컴 투 동막골〉 영화 사이트의 줄거리 소개에서는 이 동막골이 태백산맥 줄기를 타고 함백산 절벽 속에 자리 잡은 마을을 설정했다고 한다. 읽어 보면 그럴듯하게 들린다. 동막골이란 이름을 처음 들어 본 사람이면 우리나라에서 단 한 곳에만 있던 지명으로 착각할 수 있다. 하지만 우리나라 곳곳에서 흔하게 만날 수 있는 지명 중의 하나가 동막골이었다. 왜 흔했냐 하면, 동막골은 옛날에 우리나라 어디에서도 일상적으로 사용하던 장독대의 독을 굽던 마을이었기 때문이다. 굳이 표준어로 말하면 '독막골'인데, 발음하기 편하게 동막골로 부르게 되었다. 문헌에는 '독막'을 비슷한 소리의 한자 東(동녘 동)과 幕(장막 막)의 소리를 빌려 동막東幕으로 쓰는 것이 일반적이었다.

옛날에 독을 굽는 일은 꼭 필요한 것이었지만 천한 일로 여겼고, 독을 굽던 동막골은 산속 외지고 단절된 곳에 있는 것이 일반적이었다. 그래시 동막골을 들으면 으레 '아 저 산속 깊고 외진 곳에 있는 마을?' 이런 식의 이미지를 떠올렸다. 〈웰컴 투 동막골〉의 시나리오 작가나 감독도 아마 이런 경험을 공유하거나 듣지 않았을까 한다.

25. 손돌목과 손돌항, 손석항, 손량항

바다의 물살이 빠르기로 유명한 곳은 첫째가 진도와 해남 사이의 울돌목이고, 둘째가 김포와 강화 사이의 손돌목이다. 인천 앞바다는 밀물과 썰물 때의 해수면 높이 차이가 최대 9m나 된다. 밀물 때는 바닷물이 바다에서 한강과 임진강 깊숙이 흘러 들어가고, 썰물 때는 한강과 임진강에서 바다로 빠져나간다. 이 때문에 김포와 강화 사이의 좁은 물목인 염하鹽河에서는 하루에 두 번씩 세차고 거칠게 흐르는 바닷물의 장관이 펼쳐지며, 그중의 최고가 손돌목이다. 남북 길이 약 15km, 최대폭 약 1km의 염하는 대부분 부드러운 곡선의 모습이다. 강화군 불은면 덕성리에서만 바위 지형이 동쪽으로 길게 튀어 나갔고, 반대편 김포시 대곶면 신안리의 해안은 깎아

용두돈대

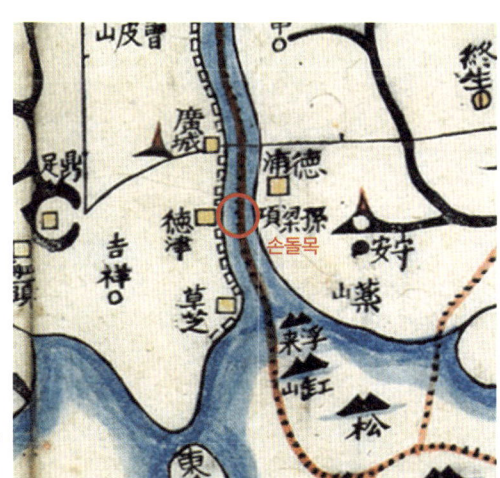

대동여지도의 손돌목
출처: 규장각한국학연구원

지른 절벽이다. 용의 머리를 닮아서 '용머리'라고 불렀으며, 한자로는 龍(용 용)과 頭(머리 두)의 뜻을 빌려 龍頭라고 썼다. 용머리 끝의 용두돈대까지 좁고 길게 이어진 성곽의 모습은 서양의 해안가에서나 볼 수 있는 듯한 이국적인 풍경을 자아내고, 밀물과 썰물이 한창일 때 용두돈대에서 바라보는 염하의 바닷물은 환호성을 지르게 한다. 탁한 바닷물이 휘돌며 곳곳의 암초를 만나 거칠고 빠르게 소용돌이치며 우렁차게 흐른다.

손돌은 뱃사공의 이름이라고 한다. 고려 고종이 몽골과의 전투를 피해 이곳에서 강화도로 건너가려 할 때 험한 물살로 건너지 못하니 뱃사공 손돌의 속임수 때문이라 생각하여 그의 목을 베도록 했다. 손돌은 바가지를 바다에 띄우면서 그것만 따라가면 잘 건널 것이라고 말하면서 죽었는데, 실제로 그렇게 하여 무사히 건넜다. 고종은 후회하며 손돌의 묘를 크게 만들고 사당을 지어 제사를 지내주도록 했다고 한다. 용머리 반대편의 손돌목부리 절벽 위에 손돌묘가 있다.

손돌목은 한자 표기가 다양하다. 보통은 孫(손지 손)과 乭(이름 돌)의 소리, 項(목 항)의 뜻을 빌려 孫乭項으로 쓰는데, 石(돌 석)과 梁(들보 량)의 뜻을 따서 손석항孫石項과 손량항孫梁項으로 표기한 경우도 있다.

26. 남양주 조안면의 새재

북한강을 사이에 두고 양평군의 두물머리 맞은편에 남양주시 조안면이 있다. 조선 후기 최고의 실학자 다산 정약용(1762~1836) 선생의 고향 마재마을이 있고, 그의 생가와 묘소, 실학박물관이 하나의 세트를 이루어 많은 방문객을 맞이한다. 옛 중앙선 선로에 만든 국토종주자전거길이 팔당호를 따라 면을 관통하고, 새롭게 단장한 능내역 폐역의 봄가을은 자전거를 빌려 타는 사람들로 인산인해를 이룬다.

조선 시대 강원도의 원주, 횡성, 평창, 영월, 정선, 강릉, 삼척, 울진, 평해에서 경기도의 양평과 지평을 거쳐 서울을 오가던 평해길도 조안면을 지나갔다. 양평 남한강가의 평해길을 지나온 사람들

평해길과 새재
출처: 네이버 지도

은 지금의 양수대교에서 나룻배를 타고 북한강을 건넜고 능내리의 봉안역을 지나 예봉산(678.8m)과 예빈산(587m)의 높은 산지를 피해 돌아 한강가의 팔당 벼랑길을 따라갔다. 그 반대도 마찬가지였다. 그런데 이런 평해길을 통하지 않고 높아서 훨씬 험하고 힘들기는 하지만 빨리 가기 위해 질러가고 싶은 소수의 사람들이 선택하는 길이 하나 있었다. 양수대교의 남서쪽에서 서북쪽의 조안2리로 꺾어서 예봉산과 예빈산 사이의 새재를 넘어 팔당에 이르는 지름

길이 그것이다.

조안2리의 옛날 마을 이름은 새울이고, 새재 밑에 있는 골짜기의 마을이어서 그렇게 불렀다. 새재는 길이 높고 험하여 힘들지만 짧아서 빨리 갈 수 있는 고개란 의미의 문경새재와 이름도 같고 뜻도 같다. 새울에서 '울'은 골짜기의 마을을 가리키는 우리말 중의 하나로, 한자로는 鳥(새 조)의 소리와 洞(골 동)의 뜻을 빌려 鳥洞이라고 표기했다. 그런데 지명 조사차 이곳을 방문했을 때 조동을 한자의 뜻으로 풀어 만든 잘못된 유래가 마을 앞의 안내 표지판에 기록되어 있었다.

"옛날 이곳에 새가 머물다 날아갔다고 해서 붙여진 이름이다."
"박씨 선조가 한양 가는 길에 이 지역에서 해가 저물어 쉬게 되었는데, 새소리가 듣기 좋고 물이 좋아 가려던 길을 멈추고 여기서 살기로 하고 마을 이름을 '조동'이라 하였다는 이야기도 있다."

27. 안산의 고지안과 장성의 꽃매

경기도 안산시의 중심부에는 우리말 지명을 한자의 소리로만 표기했음에도 그 뜻을 알기 어려운 지하철 4호선의 역이 하나 있다. 고잔역이다. 1960년대까지만 하더라도 밀물 때는 바닷물이 찰랑이고 썰물 때는 너른 갯벌이 펼쳐졌지만 지금은 그때를 상상하기도 어렵다. 1970년대 말 반월공업단지를 조성할 때 갯벌을 메워 시가지로 만들었다.

사람들은 이곳을 '고지안'이라고 불렀고, 한자 古(옛 고)와 棧(벼랑길 잔)의 소리를 빌려 표기한 것이 古棧(고잔)이다. '고지안'이란 지명은 요즘은 전혀 사용되지 않는 지형의 이름으로부터 유래되었다. 바다로 길게 뻗어나간 지형을 지금은 '반쯤 섬'이라는 의미의

안산의 고잔역

장성의 꽃매(花山)

출처: 네이버 지도

한자로 반도(半島)라고 부르는데, 옛날 사람들은 '고지' 또는 '구지'라고 하였다. 고잔역 지역의 서쪽과 동쪽에 '고지' 두 개가 형성되어 있었고, 그 사이의 안쪽에 있는 마을이란 의미로 '고지안'이라 부른 것이다. '고지'가 들어간 지명은 굴곡진 바닷가에서 아주 흔하진 않았어도 찾아보기 어렵지도 않았다.

전라남도 장성군 장성읍의 성산리에는 '꽃매'라는 예쁜 이름의 작은 야산이 있다. 한자로는 花(꽃 화)와 山(뫼 산)의 뜻을 빌려 花山(화산)이라고 썼다. 지명만 보면 산의 모습이 꽃을 닮았을 것 같고, 혹시 산 아래 어딘가 꽃 모양의 명당이 있어서 붙은 이름일지 모르겠다는 생각이 들 수도 있다. 하지만 둘 다 아니다. 꽃매를 억지로라도 표준말로 쓰면 '고지뫼'인데, 안산의 고잔역에서 만났던 '고지' 지형과 관련이 있다.

장성군의 장성읍은 바다 한 귀퉁이 볼 수 없는 내륙 중의 내륙이다. 그런데 바다뿐만 아니라 너른 벌판으로 산줄기가 길게 뻗어나간 지형도 '고지'라고 불렀다. 성산리 동쪽의 성자산에서 시작된 산줄기가 서쪽의 황룡강가 너른 평지로 뻗다가 솟아난 작은 산을 고지뫼라고 불렀고, 사람들이 강하게 발음하면서 꽃매가 되었다. 지역에 따라 꽃뫼·고지매·곶뫼라고도 불렀는데, 전국의 너른 들판에서 아주 흔하지는 않았어도 드물지도 않은 산의 이름이었다.

28. 이포보와 배개

아직도 찬반 의견이 팽팽하게 갈리고 있지만 경복궁-도산서원의 퇴계 선생 마지막 귀향길을 아홉 번째로 걸어가고 있는 필자에게 이명박 정부의 4대강 살리기 사업은 고마운 역사다. 퇴계 선생이 배를 타고 갔던 서울의 두뭇개(옥수역)부터 충주의 탄금대까지 남한강의 국토종주 자전거길을 따라 안전하게 걸어가며 우리 국토의 아름다움을 만끽하고 있다.

언론에 가장 많이 등장했던 4대강 살리기 한강의 보는 서울에서 가장 가까운 이포보였다. 멀리서 보면 유선형의 곡선미가 꽤나 아름답고, 가까이 다가가면 폭포 같은 물소리가 우렁차다. 이포보의 이름은 남한강에서 가장 유명한 나루 중의 하나인 梨浦(이포)란 한자

이포보

지명에서 따왔다. 이포보 바로 위쪽 남한강가에 솟아난 강애산 아래에 있었는데, 이중환의 『택리지』에서는 이곳을 이렇게 썼다.

(여주)읍의 서쪽에 백애마을白崖村이 있다. 한 굽이의 긴 강이 동남쪽에서 동북쪽으로 흘러들어 마을 앞에서 띠를 둘렀는데, 이곳이 (남한)강가에서 제일가는 이름난 마을이다. 수구水口가 막힌 듯하여 강물이 흘러나감을 알기 어렵다. (여주)읍과 백애마을은 하나의 들로 통하여 동남쪽이 넓게 트이고 기후가 맑고 상쾌하다. 이 두 곳에는 여러 대를 이어 사는 사대부의 집이 많지만 백애마을 사람들은 오로지 배로 장사하길 좋아하여 농사를 대

신하는데, 그 이익이 농사짓는 집보다 훨씬 낫다.

그런데 이포梨浦라는 이름이 안 보인다. 이중환이 이곳을 방문하여 사람들이 부르던 나루 이름인 '배개'를 듣고 비슷한 소리의 한자인 백애白崖로 썼기 때문이다.『용비어천가』에서는 이 나루의 이름을 한자와 한글로 동시에 기록했는데, '梨浦비애'다. 이포는 우리말 이름인 '배개'를 한자 梨(배 리)와 浦(개 포)의 뜻을 빌려 표기한 梨浦(이포)의 한자 소리가 일제강점기 이후 행정명칭으로 굳어진 결과다.

29. 고랑개나루, 쓸쓸하고 안타까운 역사

망향의 슬픔을 안고 흐르는 임진강에서는 밀물 때마다 바닷물이 육지 깊숙이 거슬러 오르고, 그 마지막 지점인 연천군 장남면 고랑포리에 고랑개나루高浪浦津가 있었다. 깎아지른 용암절벽이 이어지고, 작은 틈새의 통로로 깊고 잔잔하며 맑은 호수 같은 임진강이 보인다. 옛날에는 바닷배와 강배가 정박하여 끊임없이 물건을 싣고 내렸고, 일제강점기 때만 하더라도 화신백화점의 분점이 들어설 정도로 번성한 노회시었나. 아쉽게도 한국전쟁 후 민간인 출입 통제구역이 되면서 사람이 하나도 살지 못하는 쓸쓸한 지역으로 변했다. 지금은 방문이 사유롭지만, 번성했던 나루의 흔적은 안내 표지판의 설명문에서 겨우 확인할 수 있을 뿐이다. 참 안타까운 역

연천의 고랑개나루
출처: 네이버 지도

사다.

고려시대의 고랑개나루는 우리나라 역사상 가장 번성했다. 경상도, 전라도, 충청도 전체와 경기도의 남동부, 강원도의 남부 사람들이 수도 개성을 오갈 때 모두 고랑개나루에서 배를 타고 건너다녔다. 원래 장단 고을의 땅이어서, 장단에 있는 중요한 나루란 의미의 '長湍渡(장단도)'라 기록했다. 맑고 잔잔한 임진강이 수직의 용암절벽과 어울려 멋진 풍경을 만들고, 수도 개성의 임금과 고관대작이 찾아와 뱃놀이를 즐기는 풍류의 장소도 되었다. 조선 건국 2년째인

1393년, 태조 이성계가 정도전과 함께 고랑개나루를 찾았다. 그때 정도전이 읊은 시가『신증동국여지승람』에 이렇게 전한다.

"가을 물 맑고 맑아 하늘같이 푸르고, 한적한 날 임금께서 뱃놀이에 나섰네. 사공들아, 장단곡長湍曲을 부르지 마라. 지금은 조선이 개국한 지 두 번째 해이니라."

장단곡은 고려의 태조 왕건이 장단을 방문했을 때 고을 사람들이 그의 업적을 칭송하며 부른 노래다. 조선의 태조 이성계가 여유롭게 풍류를 즐기는데 사공들이 장단곡을 부르고 있으니 난처하지 않을 수 없다. 시의 내용을 보니 큰 벌을 주지는 않고 조용히 타이른 선에서 마무리한 듯하여 다행이다.

30. 한탄강, 대탄, 한여울

연천이나 포천, 철원의 전방에서 군대 생활을 한 남자라면 한탄강이라는 이름을 들었을 때 힘들었던 그때를 빗대어 '한탄스럽다'의 '한탄'을 떠올린다. 북한의 평강에서 발원하여 강원도의 철원평야를 지나 연천군의 전곡읍에서 임진강으로 합류하는 강으로, 전곡읍 전곡리선사유적지 앞의 한탄이란 지명에서 유래하였다. 경기도 양평군 양서면의 한강가 북쪽에 대심리가 있는데, 아는 사람이 거의 없는 무명의 마을이다. 1914년 행정구역 개편 때 대탄과 운심 2개의 마을을 합하고 '대'와 '심' 한 글자씩 따서 대심리란 이름을 만들었다.

한탄과 대탄은 분명 다른 소리의 지명이지만 150년 전으로만 돌아

연천의 한여울

양평의 한여울
출처: 네이버 지도

가도 두 곳을 지나가는 사람들은 똑같은 이름 '한여울'로 불렀다. 우리말 '한'은 요즘은 잘 사용하지 않지만 옛날에는 흔하게 사용하던 '큰'이라는 의미의 접두사이다. '여울'은 경사가 심하고 깊지 않아서 물의 흐름이 거칠고 소리가 요란한 강의 구간을 가리킨다. 따라서 한여울은 '큰 여울'이란 뜻인데, 그냥 '큰 여울'이 아니라 어느 지역 또는 어느 구간에서 '가장 큰 여울'을 가리킨다. 전곡리선사유적지 앞의 한여울은 한탄강에서, 대심리 앞의 한여울은 남한강에서 가장 크고 길며 거친 여울이었다. 『용비어천가』에서는 한글로 '한여흘'이라 기록했다.

옛날에 사람들은 우리말 지명인 한여울을 한자로 썼다. 때로는 한자 漢(한나라 한)의 소리와 灘(여울 탄)의 뜻을 빌려 한탄漢灘으로, 때로는 大(큰 대)의 뜻과 灘(여울 탄)의 뜻을 빌려 대탄大灘이라 표기했다. 그런데 일제강점기 이후 한탄과 대탄이라 표기된 한자의 소리로 읽고 부르면서 행정리의 이름을 만들 때 한여울이라는 이름이 하마터면 영원히 사라질 뻔하였다. 다행스럽게도 도로명 주소로 바꿀 때 연천군 진곡읍의 진곡리에서는 한여울로가, 양평군 양서면의 대심리에서는 한여울길이 채택되었다. 우리 조상들이 천년 이상 불러왔던 정겨운 우리말 지명 한여울을 되살려 준 관계자 여러분께 깊은 감사를 표한다.

31. 잣고개와 작고개

경기도 용인시 구성구 동백동은 대단위 신흥 아파트단지인 동백지구란 이름으로 알려졌다. 동백이란 이름은 1914년의 행정구역 개편 때 한자 지명 동막과 백현 두 마을을 합하고 '동'과 '백' 한 글자씩 따서 만들어졌다. 이 중 백현의 한자는 栢峴이고, 잣고개를 한자 栢(잣 백)과 峴(고개 현)의 뜻을 빌려 표기한 것이다. 잣고개는 동백동에서 처인구 포곡읍의 마성리로 넘어가는 고개의 이름이자 그 아래 마을의 이름이기도 했다. 한자 栢(잣 백)을 썼기 때문에 잣나무와 관련된 것으로 오해할 수 있지만 성城의 우리말인 '잣'을 가리킨다. 마을 동쪽의 선장산(349.6m) 정상을 둘러싼 고대 용구현의 통치성인 할미산성 아래를 지나기 때문에 잣고개라 불렀다.

용인의 잣고개

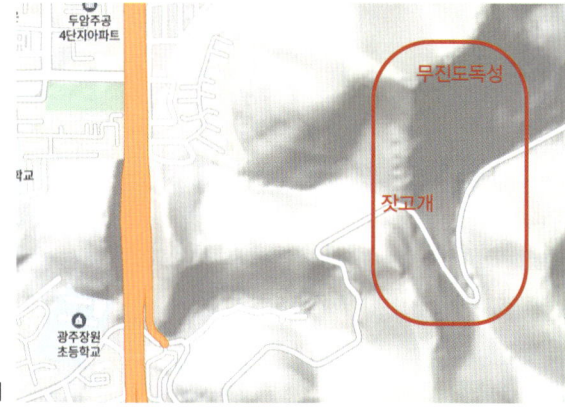

광주광역시의 잣고개

양주의 작고개

출처: 네이버 지도

광주광역시 동구 산수동에서 북구 석곡동으로 넘어가는 고개 이름도 잣고개이고, 그 아래의 마을 이름도 같다. 한자로는 尺(자 척)의 뜻과 曲(굽을 곡)의 소리를 빌려 尺曲이라 표기했지만 길이를 재는 '자'나 '굽다'와는 아무런 관련이 없다. 여기서의 '잣'도 성城의 우리말이다. 통일신라시대 9주 중의 하나였던 무주 또는 무진주의 통치성인 무진도독성의 한가운데를 관통하기 때문에 잣고개라 부른 것이다.

경기도 양주시청 서남쪽의 어둔동에는 호명산과 대모산 사이를 동남-서북 방향으로 넘나드는 작고개가 있다. '작'을 한자 鵲(까치 작)으로 보아 까치와 관련된 설화가 있었을 것으로 오해할 수 있지만 성城의 우리말 '잣'을 약간 다르게 발음한 것이다. 고대부터 고려시대까지 독자적인 고을이었다가 양주에 완전히 흡수 통합된 견주見州의 통치성인 대모산성 밑을 지나가기 때문에 작고개, 즉 잣고개라 부른 것이다.

잣고개 또는 작고개란 이름은 전국적으로 흔하진 않아도 희귀하지도 않았다. 혹시라도 수변에 잣고개 또는 작고개란 이름이 있다면 근처에 거의 분명히 고대 산성이 있을 것이다. 한자로는 栢峴(백현), 城峴(성현), 尺峴(척현), 鵲峴(작현) 등 다양하게 표기하였다.

32. 새술막, 재밌는 이야기의 원천

조선과 중국의 사신들이 오가던 파주시 광탄면 신산리의 의주대로 위에 새술막이라는 마을이 있다. 2010년대 필자가 조사차 방문했을 때도 버스 정거장의 이름이 새술막이었고, 정거장 옆의 음식점 이름 또한 너무나 예쁜 '새술막 동태랑대구'였다. 우리가 일반적으로 주막酒幕이라고 말하던 것의 원래 이름이 술막임을 알려주는 지명으로, '새로 생긴 술막'이라는 의미다. 한자로는 新(새 신)과 炭(숯 단)의 뜻과 원래 한자였던 幕(막 막)을 힙해 新炭幕이라 표기했다. 그런데 술과 비슷한 소리의 숯을 의미하는 탄炭을 한자 표기 지명에 사용한 것 때문에 실제 유래와 다른 새로운 이야기가 이렇게 만들어져 인터넷 등에서 떠돌고 있다.

새술막에 들어선 '새술막 동태본점'
출처: 네이버 지도

"새술막은 이곳에 주막거리가 형성되어 있어 붙여진 이름이라고도 하고, 참나무 숯을 굽고 팔던 곳이어서 '새숯막' 또는 한자로 新炭幕이라 불리던 것이 발음이 변형되어 '새술막'이 되었다고도 한다. 숯을 거래하던 장이 있으니 당연히 주막도 있었을 것이니 두 이야기가 일맥상통하는 이야기인 듯하다."

"임진왜란이 발발하고 선조가 경복궁을 나선 1592년 4월 29일, 선조 일행은 저녁 늦게 이곳을 지나게 된다. 당시 쌍불현을 넘을 때부터 내리기 시작한 비가 이쯤에 이르러서는 장대비로 바뀌어 있었다. 할 수 없이 선조 일행은 어가를 이곳에서 잠시 멈추고 저녁을 해 먹으려고 하는데 장작이 비에 젖어 불이 붙지가 않았다. 그래서 주막에서 아껴 쓰던 참나무숯을 지펴 밥도 짓고 젖은 몸과 옷을 말릴 수 있었다. 이때 이 광경을 지켜본 선조가 '이런 숯은 처음 본다'라고 하였다. 이 말 때문에 지명이 처음 보는 숯이라는 의미의 신탄이 되었고, 그 후 신탄과 주막이 합쳐져 '신탄막', '새숯막', '새술막'이 되었다고 전해진다."

이야기를 읽으면 그럴 듯하지만 지명의 유래는 분명히 잘못된 것이다. 다만 잘못되었다고 하더라도 새롭게 만들어진 재밌는 이야기의 가치까지 낮게 볼 필요는 없다. 이 또한 우리 역사의 소중한 자산이다.

33. 아끔말과 쌍학리

필자의 형제는 3남 2녀이고, 그중에 전체로는 넷째, 아들로는 둘째다. 필자와 동년배이거나 나이가 더 많은 분들은 알 것이다. 형제 중에서 첫딸이나 장남, 막내가 아니라면 친가든 외가든 5촌 당숙 이상의 친척들은 '저 애가 누구지?'라는 질문을 꽤 많이 던졌다. 그때마다 큰댁의 큰어머니께서는 '아끔말 작은아버지 둘째잖아요.'라고 대답하셨다. 아끔말은 친가 쪽에서는 필자의 아버지가 사는 동네인 필자의 고향을 가리켰다.
너무나 친숙한 마을 이름인데, '아끔말이 무슨 뜻이지?' 이런 생각이 든 것은 스물아홉 살 대학원 석사 2년차 때였다. 어머니께 여쭤봤는데, "아끔말이 아끔말이지 무슨 뜻이냐고? 음~ 생각해 본 적

화성시 쌍학2리의 아끔말·뒤끔말·샘말
출처: 네이버 지도

이 없는데…" 이러셨다. 어쩔 수 없이 필자 스스로 알아내기로 했는데, 예상외로 너무 쉬웠다. 우리 동네는 아끔말, 뒤끔말, 샘말 세 개의 자연마을로 구성되어 있었다. 아끔말과 뒤끔말은 대조를 이루어 아끔말은 앞쪽 끝에 있는 마을, 뒤끔말은 뒤쪽 끝에 있는 마을이었다.

필자의 또 다른 고향 마을의 이름은 비봉면의 쌍학2리였고, 비봉면을 벗어난 사람들과 고향을 이야기할 때는 쌍학리雙鶴里라고 말했다. 그러면 '쌍학리는 무슨 뜻이지?' 이런 의문도 아끔말과 똑같이 대학원 2년차 때 처음으로 들었다. 그래서 자료를 뒤져 봤고, 금방 답을 찾았다. 1914년의 행정구역 개편으로 자연마을 몇 개를 합해 행정리를 만들 때 대표 자연마을의 한자 지명인 동학동東鶴洞과 백학동白鶴洞 두 개의 학鶴를 합했다는 의미에서 쌍학리란 이름이 만들어졌다.

우리 집안에서 가장 어른이자 가장 유식하셨던 1919년생의 제일 큰아버지와 세 시간의 인터뷰를 할 때 여쭤보았다. 대답은 이랬다. '학鶴의 형국을 한 기막힌 명당이 두 곳 있어서 쌍학리란 이름이 생긴 거야.' 필자가 되물었다. '큰아버지, 그 두 명당이 어디인데요?' 다시 온 대답은 이랬다. '그건 아무도 몰라.' 독자 여러분의 고향 마을 이름에는 어떤 유래가 있을까?

34. 한밭, 오미, 놀미

대전광역시, 경기도의 오산시, 충청남도의 논산시는 도시 규모라는 측면에서 비교할 수 없을 정도로 큰 차이가 있다. 하지만 개항 이전만 하더라도 전국적인 명성까지는 아니지만 지역에서는 꽤 알려진 장시가 있던 곳이라는 공통점을 갖고 있다. 또한 경부선과 호남선의 철도역이 들어서면서 성장에 성장을 거듭하여, 오래된 고을의 중심지가 아니면서도 지금은 지방자치단체의 명칭에 당당히 들어가 있다는 점도 비슷하다.

1900년 11월 12일의 경인선 개통을 시작으로 철도망이 한반도를 뒤덮기 시작했다. 이런 철도는 어쩔 수 없이 넘어가야 하는 고개가 아니라면 비용을 줄이고자 산과 산줄기가 있는 곳을 최대한 피해

1950년대 대전역

건설했고, 평지의 철도역으로 가장 많이 선택된 곳은 조선 후기에 전국적으로 발달했던 장시였다. 장시는 장이 열릴 때만 가건물을 세우거나 좌판을 벌여 상행위를 하던 5일장 형태였다. 그래서 홍수 때만 물에 잠기고 그 외의 시기에는 넓은 공터가 형성되어 주인이 없던 하천가의 둔치를 중심으로 들어선 경우가 많았다.

충청도 공주 버드내의 한밭 마을 넓은 공터에 2·7장의 한밭장이 있었고, 한자 大(큰 대)와 田(밭 전)의 뜻을 빌려 대전장大田場이라 표기했다. 경기도 수원 오산천가의 오미란 작은 산 아래 넓은 공터에는 3·8장의 오미장이 있었고, 한자 烏(까마귀 오)의 소리와 山(뫼 산)의 뜻을 따서 오산장烏山場이라 표기했다. 충청도 은진 논산천가의 놀미란 작은 산 아래 넓은 공터에도 3·8장의 놀미장이 있었고, 한자 論(논할 논)의 소리와 山(뫼 산)의 뜻을 빌려 논산장論山場이라 표기했다. 세 장시 모두 경부선과 호남선의 철도역이 설치되어 급성장하는 행운을 얻는 대신 한밭, 오미, 놀미란 우리말 지명을 부르는 사람들의 숫자는 급격히 줄어들었다.

지명의 지명도가 커지면 커질수록 우리말 지명이 한자 지명의 소리로 대체되는 현상은 고대부터 근대를 거쳐 지금까지도 계속되고 있다. 이러다가 혹시 서울까지 경성으로 다시 바뀌는 것은 아닌지, 괜한 걱정을 해 본다.

35. 똥매와 동산

미술사학자 명지대학교 이태호 석좌교수와 함께 『육백 리 퇴계길을 걷다』(2022)란 책을 출간한 인연으로 유튜브 〈퇴계TV〉에 2회에 걸쳐 출연한 적이 있다. 이 책에는 육백 리 퇴계길에서 만난 많은 우리땅 이름이 등장하는데, 그때 사회자가 신기하고 재미있다며 특별히 언급한 지명이 하나 있다. 남한강과 섬강이 합류하는 원주시 부론면의 흥호리에서 만난 '똥매'란 우리말 지명이다. 굳이 표준말로 쓰면 '똥뫼'이며, 지역에 따라 비슷한 소리의 '동매', '독미', '동미'라 부르는 경우도 있다. 너른 벌판 가운데에 솟아 있는 작은 산을 가리키며, '사람이 눈 똥처럼 작은 뫼'라는 의미다. 전국적으로 흔하게 있던 땅이름이지만 똥이 들어가서 그런지 이제는 찾아보기

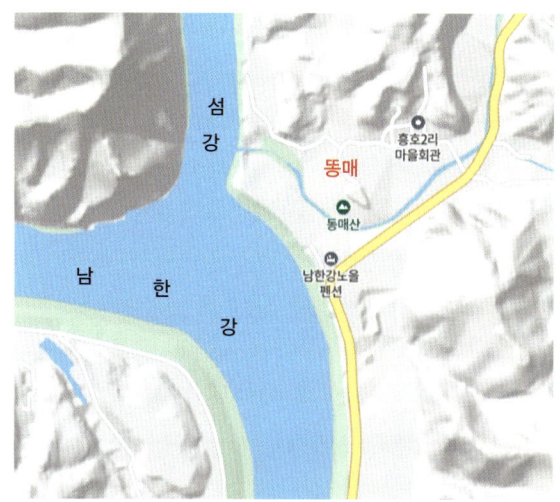

원주의 똥매 출처: 네이버 지도

장성의 똥매 출처: 네이버 지도

가 쉽지 않다.

미국 민요를 번안한 노래임에도 마치 우리나라의 민요처럼 들릴 정도로 많이 불렸던 '메기의 추억'이란 노래의 가사는 "옛날에 금잔디 동산에 메기 같이 앉아서 놀던 곳~"으로 시작한다. 국어사전에서 이 노래 속의 동산을 검색하여 찾아보면 '마을 부근에 있는 작은 산이나 언덕'으로 나온다. 그럴 듯하게 들리지만 "왜 그런 산이나 언덕을 동산이라 부른 거지?" 이런 질문을 던져 보면 어디에서도 속 시원한 답을 찾거나 들을 수가 없다.

국립중앙도서관에서는 2010년부터 2019년까지 서울(1권), 경기(1권), 충청(2권), 전라(2권), 경상(2권), 강원(1권) 등 시도별로 '고지도를 통해 본 지명연구' 시리즈 총 9권을 간행하였다. 이 업무의 담당자로서 전국의 지명을 십만 개 가까이 찾아봤는데, '마을 부근에 있는 작은 산이나 언덕'을 왜 동산이라 부르는지도 알게 되었다. 우리말 이름 '똥뫼'를 한자 東(동녘 동)의 소리, 山(뫼 산)의 뜻을 따서 東山이라고 표기했고, 이것을 한자의 소리로 읽고 부른 것이 '동산'이다.

'똥뫼' 또는 '똥매'. 지금은 어디서도 쓰기 싫어하는 지명이겠지만 옛날에는 우리 이웃 아주 가까이에 있는 꽤나 정겹고 친근한 땅이름이었다.

36. 새말IC, 아침돌IC, 새미분기점, 질마재분기점

필자는 고속도로의 나들목 이름에 쓰인 우리말 지명을 거의 본 적이 없다. 그래서 영동고속도로의 새말IC를 봤을 때 많이 놀랐다. 나중에 찾아보니 행정면도, 행정리의 이름도 아니어서 더 놀랐는데, 나들목의 입구가 횡성군 우천면 우항리의 자연마을인 새말에 있기 때문에 그런 이름을 붙인 것이다. 새말을 한자 新(새 신)과 村(마을 촌)의 뜻을 빌려 신촌新村이라 표기하고 행정지명으로 선택되었다면 신촌IC가 됐을지 모른다. 그렇지 않아서 다행이고, 새밀IC 이름을 결정해 준 분들에게 눈물 나게 감사하다. 새말은 우리나라를 대표하는 새마을운동에서의 새마을과 같다.

평택시흥고속도로에 조암IC란 나들목이 있다. 화성시 우정읍 소재

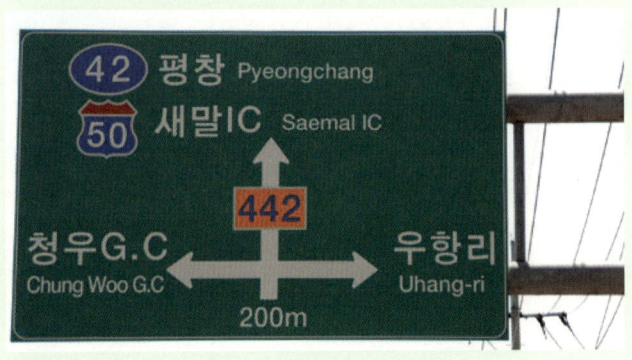

새말 IC

지에 아침돌이라는 바위같이 큰 돌이 있어 아침돌이라 불리는 마을이 있었고, 한자 朝(아침 조)와 巖(바위 암)의 뜻을 빌려 조암朝巖으로 표기했다. 1914년의 행정구역 개편 때 여러 자연마을을 합해 우정면의 조암리로 편제하고부터 부르기 시작하였고, 조암으로 연결되는 나들목임을 강조하여 조암IC란 이름을 붙인 것이다. 혹시라도 옛날의 우리말 지명을 따서 아침돌IC라고 했다면 오히려 특별하게 들리는 이름만으로도 주목받는 곳이 될 수 있지 않았을까? 좀 아쉽다.

서해안고속도로와 수도권제1순환고속도로가 교차하는 조남분기점은 시흥시 조남동의 이름을 딴 것이다. 조남의 한자 鳥南은 우리말 지명 새미를 鳥(새 조)와 南(남녘 남)의 뜻을 빌려 표기한 것인데,

南은 우리말 '밑이나 앞', 北은 '아래나 뒤'에 대한 한자 표기로 가끔 사용되었다. 제2경인고속도로와 수도권제1순환고속도로가 교차하는 안현분기점 역시 시흥시 안현동의 이름을 딴 것이다. 안현의 한자 鞍峴은 우리말 지명 질마재를 鞍(질마 안)과 峴(고개·재 현)의 뜻을 빌려 표기한 것이다. 옛날 사람들은 말의 안장을 질마라고 했고, 말 안장 모습의 질마재는 전국적으로 가장 흔한 고개 이름 중의 하나였다. 새미분기점과 질마재분기점, 필자는 예쁘게 들리는데, 이상한가?

37. 대천해수욕장과 한내

뜨거운 여름, 전국의 해안가는 사람들로 붐빈다. 옛날에는 없던 해수욕이라는 것이 생기면서 모래사장이 있는 곳이라면 사람들이 모여들어 수영을 하며 즐기고 논다. 서해에서는 대천해수욕장이 가장 대표적이고, 지금은 보령머드축제로 유명하다.

대천해수욕장은 원래 '대천에 있는 해수욕장'이라는 의미로 만들어진 이름이다. 1914년의 행정구역 개편 때 보령과 남포 두 고을 지역을 합해 보령군으로 만들었고, 그중에 대천면이 있었다. 보령군청이 들어서고 장항선의 대천역이 설치되면서 성장에 성장을 거듭하여 1963년에 대천읍이 되었고, 1986년에는 대천시로 승격되면서 보령군에서 분리되었다. 1990년대 들어서 전국적으로 도농

대천해수욕장

통합시의 물결이 일었고, 대천시와 보령군도 합하여 오랜 역사를 갖고 있던 이름의 보령시로 통합되었다. 그러면 대천이란 이름은 무슨 뜻인가?

대천역 부근에 한내라는 마을이 있었고, 이곳에는 3·8일의 한내장이 들어서 이후의 성장 씨앗이 되었다. 한내는 '큰 내'라는 의미로, 보령 지역에서 가장 큰 하천의 이름이자 그곳에 들어선 마을의 이름이었다. 『대동지지』를 비롯한 문헌에는 한자로 大(큰 대)와 川(내

천)의 뜻을 빌려 大川이라 표기했다. 이 한자 지명이 대천면, 대천역, 대천항, 대천천의 이름으로 채택되었고, 이 지역 해안가의 넓은 백사장이 대천해수욕장이란 이름으로 탄생한 것이다.

한내란 우리말 지명은 전국적으로 흔했다. 고을이나 어느 지역에서 가장 큰 하천의 이름을 습관적으로 한내라 불렀기 때문이다. 필자가 사는 개봉동 인근 금천구 지역의 안양천도 금천 고을에서 가장 큰 하천이기 때문에 한내라 불렸다. 금천 영역이었던 금천구와 광명시에는 한내근린공원이나 한내로 등의 다양한 이름으로 되살아났다. 한자로 漢(한나라 한)의 소리와 川(내 천)의 뜻을 빌려 한천 漢川이라 표기한 고을도 있다. 고향이나 현재의 거주지 부근에 한자 지명 대천이나 한천, 우리말 지명 한내가 있는지 한번 찾아보면 의외로 쉽게 찾을 수 있을지도 모른다.

38. 삽교천방조제와 삽다리

1979년 10월 26일 저녁 7시 40분경 서울 종로구 궁정동 중앙정보부 안가安家에서 중앙정보부장 김재규가 박정희 대통령을 시해했다. 10·26사건 또는 10·26사태라고 부르는데, 초등학교 6학년이었던 필자는 놀라서 큰 충격을 받았던 기억만 난다. 근대 이후의 우리나라 역사에서 손꼽히게 큰 영향을 미친 사건이기에 그때의 자료 화면을 영상으로 자주 접하게 되는데, 그날 낮에 박정희 대통령이 다녀왔던 삽교천방조제의 기공식 화면이 앞쪽에 항상 등장한다. 우리나라가 가난하던 시절, 어떻게든 쌀 생산량을 높여 굶는 사람이 없게 만들고 싶은 것은 국가 최대의 지상 과제였다. 비료 생산과 종자 개량을 통해 단위 토지당 생산량을 높이고, 황무지를 농경지

삽교호 삽교천방조제

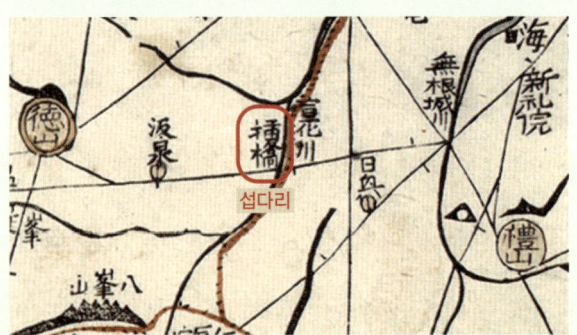

대동여지도의 섭다리
출처: 규장각한국학연구원

로 개간하여 생산 면적을 넓혀서 쌀 생산량을 높이고자 치열하게 싸워 왔다.

생산 면적의 확대는 박정희 대통령 시절에 가장 대규모로 추진되었다. 갯벌이 넓은 서해안의 강 하구에 둑을 쌓아 밀물 때의 바닷물을 막는 방조제 사업이 대표적이다. 안쪽의 넓은 갯벌을 논으로 개간하고, 새로 생긴 담수호에서 농업용수를 공급받아 재배하였다. 삽교천방조제는 박정희 대통령 시절에 이루어진 대규모 농경지 확장의 마지막 사업이었다. 아산시 인주면과 당진시 신평면을 잇는 길이 3,360m의 긴 둑이며, 당진·아산·예산·홍성 지역에 저수량 8,400만 톤의 삽교호와 24,700ha의 농경지가 만들어졌다.

삽교천의 이름은 예산군 삽교읍 삽교리에 있던 삽다리에서 왔는데, 표준말로 하면 섶다리다. 섶은 나뭇잎과 가지 등의 땔나무를 가리키며, 걸어서 건너기에는 깊고 배를 타고 건너기에는 얕은 하천에 나무 기둥을 박고 그 위에 섶을 두껍게 깐 후 흙을 덮은 것이 섶다리다. 전통시대에 돌다리는 극히 희소했고 대부분은 만들기 쉬운 섶다리었다. 홍수 때 물이 불어나면 대부분의 섶다리가 떠내려갔는데, 만들기 쉬워서 곧바로 다시 만들었다. 삽다리를 揷(꽂을 삽)의 소리와 橋(다리 교)의 뜻을 따서 표기한 것이 삽교揷橋다.

39. 죽령과 대재

도산서원이 기획한 퇴계 선생 마지막 귀향길 걷기가 2019년 1월부터 시작되었고, 2024년 봄까지 그 길을 필자는 여덟 번 걸어갔다. 그리고 그 길 위의 죽령옛길과도 당연히 여덟 번이나 반가운 만남을 가졌는데, 그때마다 맑고 청량한 기운을 아무 대가 없이 듬뿍 받는다. 왜 그렇게 똑같은 길을 걷고 똑같은 고개를 넘느냐, 혹시 지겹지는 않은지 묻는 사람이 많다. 필자는 걷고 넘는 동안만큼은 직장 근무와 나만의 글쓰기에 바쁜 일상을 삼시 잊고 한가함과 성겨움과 순수함을 맘껏 누린다. 퇴계 선생이 필자에게 선물해 준 역사의 한 줄기 빛이다.

죽령옛길은 둘로 나뉜다. 북쪽 단양군의 죽령옛길은 죽령천의 계

죽령옛길 출처: 한국관광공사 포토코리아–송재근

대동여지도의 대재
출처: 규장각한국학연구원

곡을 흐르는 시원스런 물소리와 함께 가는 완만하고 긴 숲길이다. 남쪽 영주시의 죽령옛길은 물소리도 숨죽인 나뭇잎의 바람소리와 새소리만이 함께 가는 급하고 짧은 숲길이다. 걸어서 오르고 내리며 만나는 풀과 나무와 꽃과 열매와 벌과 나비와 마을과 사과밭과 사람 등…. 표현이 서툰 필자는 그 느낌을 글로 풀어낼 자신이 없다. 누구든 직접 걸어서 넘어 보면 다 느끼고 알 것이라 자신한다. 문경새재길은 전국적으로 유명하여 오르내리는 사람이 늘 붐비지만 죽령옛길, 특히 단양군의 죽령옛길은 아직도 찾는 이가 많지 않다. 필자로서는 아깝고 아쉽다. 옛사람들이 넘나들던 좁은 오솔길의 느낌이 훨씬 짙게 담겨 있어 더욱 그렇다.

죽령옛길 관련 소개 글에 잘못된 내용이 간간이 눈에 띈다. "옛사람들이 죽령이라 불렀고 대재라고도 했다"는 것이 대표적이다. 실제로는 대재라고만 불렀고, 한자 竹(대 죽)의 소리와 嶺(고개·재 령)의 뜻을 빌려 竹嶺(죽령)이라 표기했을 뿐이다. 지금은 죽령이 일반화되면서 수천 년간 불러온 대재를 아는 사람이 거의 없게 되었다. 한자의 소리인 소령으로 부르지 않고 문경새재라 하는 것처럼 죽령옛길보다는 단양대재 또는 영주대재라고 하면 어떨까? 만약 두 지자체가 합의를 보지 못하면 대재옛길이라고 명명해도 좋지 않을까? 희망을 가져 본다.

40. 마즈막재, 낯선 듯 친근한 이름

충주 시내 동쪽의 계명산과 남산 사이에 마즈막재가 있다. 고개 정상은 꽤 유명한 충주호 종댕이길의 시작점이고, 단체로 오는 분들을 위해 넓은 주차장을 만들어 놓았다. 그 주차장 끝의 등받이 없는 벤치에 앉아 정면을 바라보면 산과 물이 겹겹이 어우러신 충수호의 장관이 하늘과 맞닿은 곳까지 아스라이 펼쳐진다. 마즈막재는 충청도의 청풍과 단양, 경상도의 풍기, 영천, 순흥, 봉화, 예안 사람들이 서울을 오갈 때 넘나들던 고개다. 예안 사람인 퇴계 선생이 서울을 열아홉 번 오갔다고 하는데, 특별한 사정이 있는 몇 번을 제외하고는 이 고개를 통해 다녔다. 그래서 필자가 걷고 있는 육백 리 퇴계길도 마즈막재를 넘는다.

청풍문화재단지 충주호

출처: 한국관광공사 포토코리아-김지호

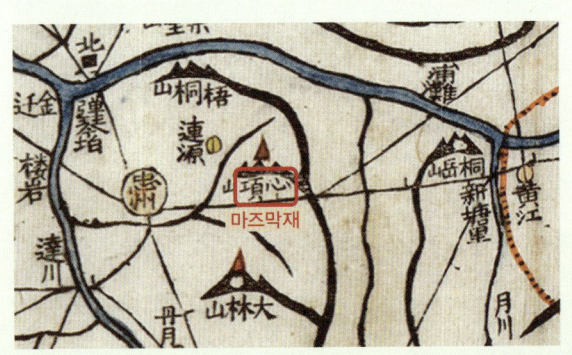

대동여지도의 마즈막재

출처: 규장각한국학연구원

마즈막재라는 이름은 친근한 것 같으면서도 낯설다. 그래서 특별한 뜻이 담겨 있는 양 요리조리 뜯어보며 해석하려 할지 모른다는 우려가 있다. 하지만 수백, 수천 년의 생활 속에서 만들어진 우리말 지명은 듣거나 읽는 말 그대로 풀면 된다. 마즈막재는 마지막에 있는 고개란 의미다. 이 고개의 서쪽은 충주의 넓은 평지에 낮은 산과 언덕이 이어지는 상대적으로 평탄한 길이고, 동쪽은 충청도의 청풍과 단양의 첩첩산중 높은 산 사이를 구불구불 가면서 높은 고개를 넘나드는 험난한 길이다. 어느 쪽에서든 평탄한 길과 험난한 길의 마지막 경계이니 마즈막재란 이름이 잘 어울린다.

마즈막재는 한자 心(마음 심), 項(목 항), 峴(고개·재 현)의 뜻을 빌려 심항현心項峴으로 기록되었다. 한자를 근거로 마즈막재가 마음과 관련 있는 이름으로 추정하는 사람이 있을 수 있지만 우리말 이름이 먼저고 한자 표기는 나중이다. 경상도와 강원도 지방의 사형수들이 이 고개를 넘어와 숲거리에서 처형되었으므로, 이 고개를 넘으면 다시는 돌아가지 못했기 때문에 그런 이름이 붙었다는 이야기도 있다. 타당성 여부를 정확하게 판단할 수 있는 자료가 현재는 없다. 다만 오랜 지명 조사와 답사를 해 본 필자의 경험으로는 누군가가 마즈막재라는 이름에 걸맞게 만든 재밌는 이야기일 것 같다.

41. 원초적인 땅이름, 막흐르기여울

조선은 국가 운영을 위한 조세를 돈이 아닌 곡물로 거두었다. 그래서 여러 고을에서 소나 사람의 지게, 작은 배로 세곡을 운반하여 바닷가 또는 강가의 큰 창고인 조창漕倉에 모아놓았다가 조운선漕運船이란 큰 배로 한꺼번에 서울로 나르는 조운제도를 운영하였다. 충주, 음성 등 충청도 내륙 14개 고을의 세곡은 충주시 중앙탑면의 창동리, 즉 창골에 있는 조창인 덕흥창과 경원창으로 모았다가 조운선에 실어 서울로 옮겼다. 그런데 1465년(세조 11) 1월 더 하류 지역인 중앙탑면의 가흥리로 조창을 옮겨 가흥창을 세우고는 조운제도가 폐지되는 조선 말까지 계속 운영하였다. 이때 조창을 옮기게 된 이유가 창골과 가흥 사이의 막흐르기여울에서 조운선의 사

충주의 막흐르기여울
출처: 네이버 지도

고가 일어났기 때문이라고 전해진다.

여울은 물이 급하고 빠르게 흐르는 강의 경사진 구간을 가리킨다. 깊지 않아서 울퉁불퉁한 하천 바닥과 부딪히는 거친 물살의 소리가 우렁차며, 곳곳에 암초가 있는 경우도 많다. 강을 따라 내려가는 배들에게 가장 위험한 곳이 바로 여울이다. 남한강에는 수많은 여울이 있었는데, 그중에서 손꼽히게 거칠고 험한 여울 중의 하나가 막흐르기여울이었다. 직접 가서 보면 진짜 거칠고 급하게 막 흐르는 물살을 실감할 수 있다. 곳곳에는 하얀 너럭바위의 암초다. 원래 우리 국토의 땅이름 대부분은 고상하지 않다. 민초들의 삶을 민초

들의 눈을 통해 원초적으로 담고 있는 것이 다수다. 그래서 특이한 것 같지만 별로 특이할 것 없는 자연스런 땅이름이 막흐르기여울이다. 여울 남쪽의 마을 이름도 막흐르기이고, 지금 그곳의 버스정류장을 찾아가면 '막흐르기'라는 이름을 선명하게 볼 수 있다.

막흐르기여울을 한자의 비슷한 소리 莫喜樂(막희락)과 灘(여울 탄)의 뜻을 빌려 막희락탄莫喜樂灘이라고 썼다. 한자를 해석하여 '너무 좋아하지 말고 조심하라'는 의미로 여울 이름을 지었다고 보는 시각이 있다. 하지만 이는 잘못이다. 주민들이 막흐르기여울로 부르던 것을 그런 의미의 한자로 표기한 것일 뿐이다.

42. 충주 고구려비와 장미산성

충주시 중앙탑면의 선돌立石 마을에는 삼국시대 고구려의 장수왕이 이 지역을 차지하고는 '이제부터 여기는 우리 땅이야!'라는 의미로 세운 충주 고구려비가 있다. 북쪽에는 장미산(336.4m)이 솟아 있고, 동쪽으로는 남한강의 탄금호가 있다. 1981년에 국보로 지정되어 그 내용이 이미 잘 알려졌기 때문에 새로운 역사 이야기를 덧붙이기 어려울 것 같은 상황이다. 하지만 '고구려비가 왜 그곳에 있지?' 이런 질문을 던지면 금방 답을 하기가 어렵다. 정답의 힌트는 선돌 마을 북쪽의 장미산성에 있다.

장미산성은 정상에서 시작하여 남쪽 능선을 따라 작은 골짜기를 둘러싼 테뫼식과 포곡식 혼합의 둘레 2.9km 대형 석성이다. 지형

장미산성

충주 고구려비
출처: 국가유산청

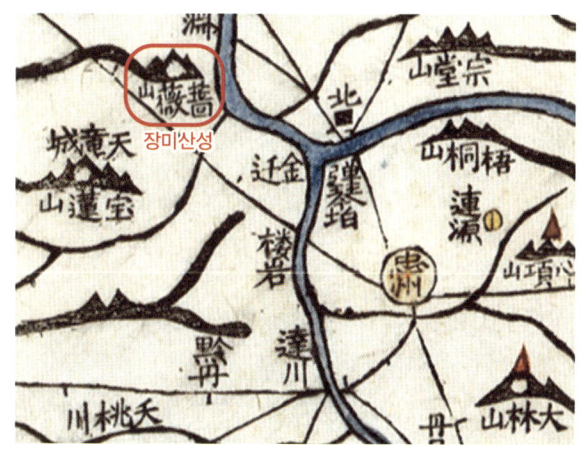

장미산성

을 절묘하게 이용하여 정교한 성벽을 쌓았고 신선한 물도 공급할 수 있어 대규모의 장기전을 수행할 수 있는 흔치 않은 삼국시대의 산성이다. 고구려 때 충주의 고을 이름이었던 국원성이 이 장미산성이나. 삼국시대 충주의 노시는 통치자가 거수하며 고을을 다스리던 장미산성과 남쪽 아래의 일반 주거지로 이루어져 있었고, 고구려가 여기에 비를 세워 자신의 땅임을 만방에 선언한 것이다.

신라는 수십만의 당나라군이 수도 경주까지 침략힐 깃에 대비하여 평양-경주를 잇는 최단 코스의 길목에 초대형의 포곡식 산성을 만들었다. 신라 문무왕 13년인 673년, 충주 지역에서도 대형의 장미산성을 포기하고 충주시내 남쪽의 대림산(489m)에 훨씬 크고 넓은 골짜기를 둘러싼 둘레 약 5,000m의 초대형 포곡식 산성인 대림산성을 만들어 통치성으로 삼고 만반의 준비를 하였다. 하지만 전쟁은 임진강 유역에서 대규모 전면전을 통해 승리하면서 끝났다.

장미산성薔薇山城의 장미薔薇는 장미꽃과 한자가 같다. 아름다운 장미꽃을 닮은 산인지, 어딘가에 장미꽃의 명당이라도 숨어 있는지 상상력을 자극하는 이름이다. 아쉽겠지만 그건 아니다. '성이 있는 산'이란 뜻의 우리말 '잣뫼'를 비슷한 소리의 한자 장미薔薇로 표기한 후 한자의 소리로 읽은 이름이다.

43. 일곱매와 여덟미

일곱매란 지명을 들어 본 적이 있는가? 굳이 표준말로 쓰면 일곱 뫼다. 옛날에는 전국적으로 아주 유명했던 곳이다. 굴비 철이면 수많은 배가 모여들어 굴비를 잡아 바다 위에서 바로 파는 어시장인 파시波市가 열리던 곳이다. 얼마나 유명했는지 『세종실록』 지리지(1453), 『신증동국여지승람』(1531)의 조선 전기 지리지는 물론 이중환의 『택리지』(18세기 중반), 김정호의 『대동지지』(1861~1866) 등 조선에서 편찬된 거의 모든 지리지에 상세히 기록되어 전한다. 이래도 모를 것 같아 마지막으로 힌트를 하나 더 드리면, 법성포의 영광굴비와 깊은 관계가 있다. 이 정도면 '아, 칠산 앞바다에서 엄청 잡히던 그 영광굴비요?' 이런 말이 튀어나올 것 같다.

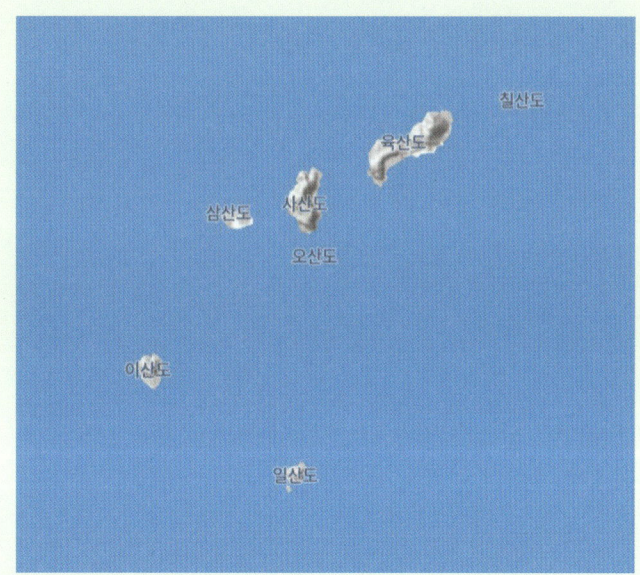

영광의 일곱매 출처: 네이버 지도

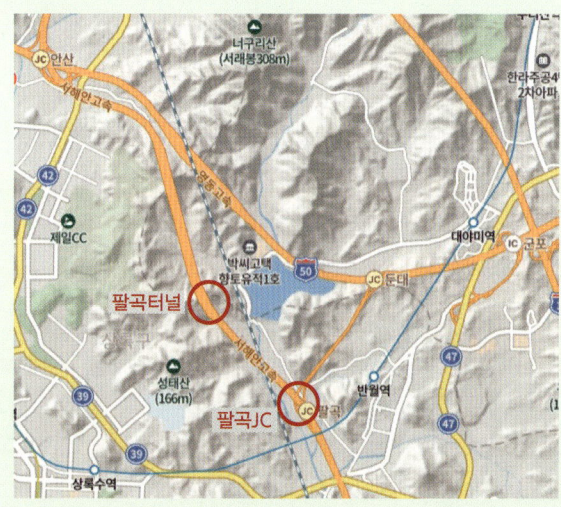

안산의 팔곡터널
출처: 네이버 지도

일곱매를 한자 七(일곱 칠)과 山(뫼 산)의 뜻을 빌려 七山이라 표기했고, 지금은 한자의 소리인 '칠산'으로 불리고 있다. 영광군 낙월면 송이리에 일곱 개의 작은 섬이 열 지어 있는데, 섬마다 산이 솟아 있어 멀리서 보면 일곱 개의 산이 솟아 있는 모습이라 일곱매라고 부른 것이다. 굴비 철, 그 앞바다에 모여들어 굴비를 다투어 잡고 팔던 파시에서는 아무도 '칠산'이라고 하지 않았다. 모두 '일곱매'라고 불렀다. 그런 일은 없었지만 누군가 '칠산'이라 말하면 이런 말을 들었을 것이다. '그곳이 어딘데요?'

여덜미는 들어 본 적이 있는가? 역시 굳이 표준말로 쓰면 여덟뫼다. 일곱매처럼 유명한 곳은 아니지만 지금 서해안고속도로를 달리는 사람들은 이곳을 지난다. 바로 안산시 구간에 있는 팔곡터널의 팔곡이다. 여덜미는 마을 뒷산의 이름인데, 왜 그런 이름이 붙었는지는 자료를 찾지 못해서 아쉽다. 그 아래에 있는 마을 이름도 여덜미라고 불렀고, 한자로는 산을 가리키는 우리말 '미(뫼)'를 생략하고는 八(여덟 팔)과 谷(골·마을 곡)의 뜻을 따서 팔곡八谷이라고 표기했다. 도로명 주소 전의 행정동명으로는 안산시 상록구 팔곡일동 지역이다. 팔곡터널보다는 여덜미터널이 더 정감 가는 이름으로 들리는데, 나만 그런 것인지 모르겠다.

44. 울돌목과 명량

"신에게는 아직 열두 척의 배가 있습니다." 우리나라 사람이라면 모르는 사람이 없을 정도로 유명한 문구다. 백의종군하던 이순신 장군이 삼도수군통제사로 다시 임명되고 나서 수군을 버리고 육군에 합류하라는 선조의 명에 대해 답했던 장계에 들어 있는 말로 알려져 있다. 임진왜란 때 평양까지 빠르게 치고 올라갔던 일본 육군이 1년도 안 되어 남해안으로 후퇴하였다. 그 이유로 여러 가지가 있겠지만 큰 틀에서 보면 이순신의 조선 수군이 바다를 통한 일본 수군의 물자 보급을 막아낸 것이 가장 큰 역할을 했다.

1597년의 정유재란 때 일본 육군은 전라도-충청도의 노선을 집중 공략하면서 북진했고, 이때도 이순신은 바다를 통한 적의 물자

울돌목

진도와 해남 사이의 울돌목

출처: 네이버 지도

보급을 막을 수만 있다면 장기적으로 승리할 수 있다는 확신을 갖고 있었다. 그래서 육군만의 방어 전략에 반대하여 적게는 133척, 많게는 330척에 이르는 일본 수군과의 전면전을 구상했다. 그리고 절대적인 수적 열세를 극복하기 위해 전장으로 택한 곳은 잘 알려져 있다시피 해남과 진도 사이의 좁은 바다인 울돌목이다.

울돌목에서 밀물 때의 바닷물은 상대적으로 깊은 남쪽의 바다에서 상대적으로 얕은 북쪽의 바다로 흐르고, 썰물 때의 바닷물은 그 반대다. 필자도 직접 가서 본 적이 있는데, 서울 홍수 때의 한강물보다 더 세차고 무섭게 흘렀다. 곳곳에서 바닷물이 소용돌이치면서 우는 듯 소리를 냈고, 장관이긴 하지만 등골이 오싹했다. 이렇게 좁은 바다의 전투에서는 물살이 빠르고 거칠 때 병선의 수적 우위가 힘을 발휘하기 쉽지 않다.

1597년 음력 9월 16일, 이순신 장군은 울돌목을 선택하여 압도적인 수적 우위의 일본 수군을 상대로 누구도 상상하지 못했던 대승을 거두었고, 이를 다룬 영화가 2014년 7월 30일에 개봉하여 국내 관객 수 1위 1,761만 명을 기록했다. 잘 알다시피 영화 제목은 울돌목이 아니라 명량이다. 울돌목의 '울돌'을 鳴(울 명)과 梁(들보 량)의 뜻을 빌려 표기한 鳴梁의 한자 소리다.

45. 대구의 달성과 밀양의 추화산성

신라의 신문왕이 수도를 옮기려다 이루지 못한 達句伐(달구벌)이 『삼국사기』의 지리지에는 達句火(달구화)로 기록되어 있다. 성城을 가리키는 신라말 '벌'을 한자 伐(칠 벌)의 소리와 火(불 화)의 뜻을 빌려 표기한 차이다. 경덕왕 때 주州 앞에는 한자 한 글자, 소경·군·현 앞에는 한자 두 글자로 바꾸는 정책에 따라 達句(달구)를 비슷한 소리의 大丘(대구)로 바꾸고 火(화)는 아예 생략해 버리면서 지금의 대구광역시 이름이 탄생했다. 조선 후기에는 공자의 이름 丘(구)를 피해 한자를 邱(구)로 바꾸어 지금에 이르고 있다.

대구의 고대 이름이었던 달구벌 또는 달구화에는 통치자가 거주하며 다스리던 성城의 이름이 그대로 고을의 이름이었다는 역사적

대구 달성토성
출처: 대구광역시

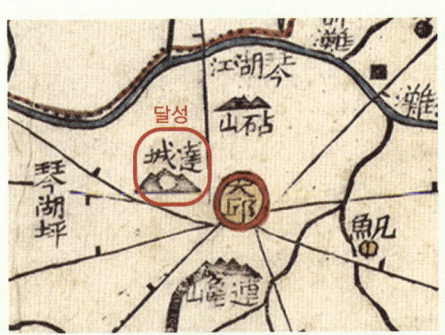

대동여지도의 달성
출처: 규장각한국학연구원

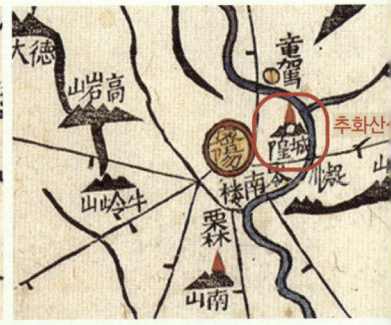

대동여지도의 추화산성
출처: 규장각한국학연구원

사실이 담겨 있다. 그 성은 지금도 전해지는 달성達城이다. 달성은 조선의 읍성에서 찾아보기 어려운 특징을 갖고 있다. 삼면이 깎아지른 높은 절벽 지형에 만들어졌고, 성벽에 오르면 대구의 주요 지역이 한눈에 조망되며, 조선의 읍성과 비교도 되지 않을 정도로 높은 방어력을 갖고 있다.

『삼국사기』의 지리지에는 경남 밀양의 삼국시대 이름이 추화推火이며, 경덕왕 때 밀성密城으로 바꾸었다고 나온다. 두 개를 조합하면 삼국시대의 신라말 이름이 밀벌임을 알 수 있다. 추화는 한자 推(밀 추)의 소리와 火(불 화)의 뜻을 빌려, 밀성은 한자 密(빽빽할 밀)의 소리와 城(별 성)의 뜻을 따서 표기한 것으로 같은 것이다. 1390년에 밀성군을 밀양부密陽府로 바꾸어 승격시키면서 지금의 밀양 이름이 탄생하였다.

밀양의 고대 이름이었던 추화 또는 밀성에도 통치자가 거주하며 다스리던 성城의 이름이 그대로 고을의 이름이었다는 역사적 사실이 담겨 있다. 밀양 시내 동쪽의 추화산(242.4m) 정상을 둘러싼 둘레 1,430m이 테미시 추화산성이다. 높지 않으면시도 밀양의 주요 지역이 한눈에 조망되며, 방어력 역시 조선의 읍성과 비교가 되지 않을 정도로 높다.

46. 문경새재, 백두대간에서 가장 붐빈 고개

백두대간, 이름만 들어도 가슴이 뛰는 사람이 많을 것 같다. 우리 나라에서 가장 신성한 백두산에서 시작하여 금강산-설악산-태백 산-소백산-속리산-덕유산 등 우리나라 최고의 명산들을 거쳐 지 리산에서 끝나며 우리 국토의 척추를 구성한다. 그 상징성이 사람 들의 마음을 사로잡아 언젠가부터 종주하며 걷는 우리나라 사람들 이 정말 많아졌다. 우리가 잘만 정비하고 개발한다면 세계의 사람 들 마음까지 사로잡아 누구나 종주하고 싶어 하는 세계적인 트레 킹 코스가 될지도 모르는 일이다. 희망해 본다.

조선시대 백두대간을 종주하는 사람은 1명도 없었다. 백두산에서 시작된 신성한 기운이 우리 국토 곳곳으로 이어지는 통로라는 믿음

문경새재도립공원   출처: 한국관광공사

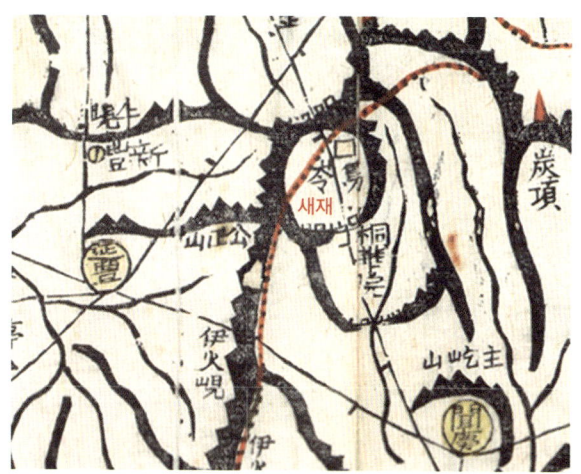

대동여지도의 문경새재   출처: 규장각한국학연구원

은 있었지만 매일의 일상생활에서는 장애물이었을 뿐이다. 어떻게든 힘을 덜 들이고 넘을 수 있는 고개를 찾아 넘나들었다. 그러면 가장 많은 사람들이 넘나들던 백두대간의 고개는 어디였을까? 정답은 문경새재다. 백두대간 위의 대관령과 철령, 죽령도 유명하지만 각각 강원도 동해안의 4~5개 고을, 함경도의 24개 고을, 경상도의 5개 고을 사람들만이 넘어 서울을 오갔을 뿐이다. 반면에 문경새재는 서울을 가고자 하는 경상도 50개 이상의 고을 사람들이 넘나들었으니 비교가 되지 않는다. 이런 역사적 의미가 평가를 받아 고갯길 중에는 유일하게 1981년 경상북도 도립공원으로 지정되었다.

고려시대만 하더라도 수도 개성을 오갈 때 새재(642m)를 넘는 것보다 길이 길지만 평탄하고 낮아서 덜 힘든 동쪽의 하늘재(525m)를 이용했다. 샛길은 사잇길이라는 의미를 넘어 불편하지만 빨리 갈 수 있는 지름길이라는 뜻도 담고 있다. 새재도 하늘재보다 높고 험하여 힘들지만 길이 짧아서 빨리 갈 수 있는 고개란 의미로 부른 이름이다. 일반적으로 한자 鳥(새 조)와 嶺(고개·재 령)의 뜻을 빌려 조령鳥嶺이라 표기했지만 草(풀 초)와 岾(고개 재)의 뜻을 따서 초재草岾로 기록한 경우도 있다. 草는 우리말 '새'에 대한 한자 표기로 자주 이용되었다.

47. 저동항과 모시개

이국적인 풍경을 담고 있는 섬 울릉도행 여객선이 들고나는 항구 2개 중의 하나가 저동항이다. 원래 울릉도 주민들은 이 지역을 모시개라고 불렀고, 세 개의 마을로 나누어져 있었다. 필자가 울릉도 지명 조사차 갔던 2010년에도 저동항의 안쪽에서는 큰모시개, 중간모시개, 적은모시개 세 마을의 이름을 새겨 놓은 돌푯말을 볼 수 있었다.

모시개에서 '개'는 물가를 뜻하는 우리말로 강기슭 바닷가의 나루 이름에 흔하게 쓰였고, 하천을 가리키는 이름으로도 불렀다. '모시'에 대해서는 두 가지 설이 있다. 옛날에 곱고 흰 모시로 짠 여름옷은 부자의 상징이었는데, 울릉도 개척 당시 냇가에 모시풀이 많아

울릉도의 저동항과 모시개
출처: 네이버 지도

서 하천(지금의 도동천)과 마을의 이름을 모시개로 불렀다는 설이 하나다. 다음으로 봉래폭포 밑의 못이 내를 이루어 하천과 마을의 이름을 못개라 부르던 것이 모시개로 바뀌었다는 설이 또 하나다. 지명 정리의 업무를 20년 넘게 한 필자의 감으로는 두 번째의 설이 맞는 것 같지만 자료를 더 확보하지 않는 한 증명할 길은 없다.

1882년 고종의 명을 받은 울릉도검찰사 이규원(1833~1901)은 4월

30일부터 5월 11일까지 12일 동안 울릉도를 철저하게 조사한 후 보고서를 올렸다. 여기에 들어 있던 지도 두 장 중 「울릉도외도」에 모시개가 한자 苧(모시 저)와 浦(개 포)의 뜻을 빌려 저포苧浦로 기록되었다. 1914년의 행정구역 개편 때는 浦(포) 대신 洞(동)으로 한자가 바뀌어 저동苧洞으로 나오며, 이후 모시개와 저동이 동시에 사용되다가 지금은 저동이 완전 대세를 이루었다.

모시개뿐 아니라 댓섬竹島, 사구내미杏南, 굴바우龜巖, 가문작지玄圃, 대방우竹巖 등 표기된 한자의 소리로 읽고 부르면서 사라져 간 울릉도의 우리말 지명이 부지기수다. 하나는 한자의 뜻, 또 하나는 한자의 소리를 빌려 석도石島와 독도獨島로 다르게 표기한 우리말 지명 '독섬'도 그중의 하나다. 주민들이 일상적으로 늘 부르던 '독섬'을 문헌으로 증명해야 하는 작금의 상황이 슬프다.

48. 포스코와 개메기

우리나라를 대표하는 초일류 철강기업 포스코(POSCO)는 Pohang Iron & Steel Company의 약자다. 원래 이름은 1968년 4월 정부 3억 원, 대한중석 1억 원 등 4억 원의 자본금으로 창립된 포항종합제철주식회사, 줄여서 포항제철이었다. 우여곡절을 겪으면서도 성장에 성장을 거듭하여 50만에 가까운 대도시 포항의 원동력이 되었다. 50대 이상에게 포항이란 지명은 경상북도에 속한 도시 하나라는 의미를 훨씬 뛰어넘어, 가난한 우리나라를 잘사는 나라로 변모시킨 산업화의 대표적인 상징 중 한 곳으로 각인되어 있다.

포항은 영일만에서 동해로 들어가는 형산강 하구에 형성된 도시다. 홍수 때 밀려온 토사가 밀물과 썰물의 흐름이 약한 영일만 깊은

형산강 그리고 포스코

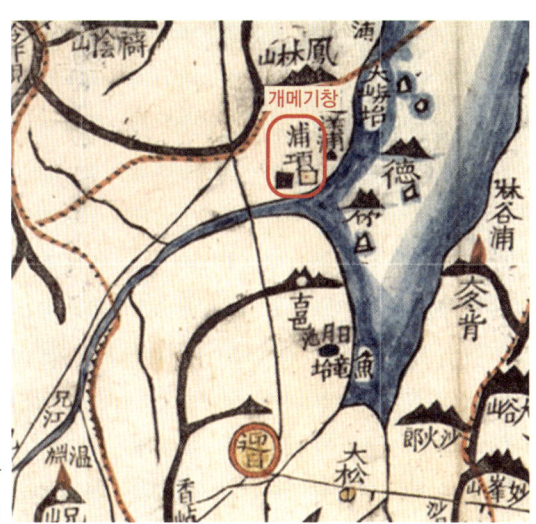

대동여지도의 개메기창
출처: 규장각한국학연구원

바닷물에 막혀 삼각주를 형성했고, 형산강 물줄기가 몇 갈래로 나뉘면서 여러 개의 큰 모래섬을 만들었다. 삼각주는 경사가 없거나 적은 평평한 땅이기 때문에 강폭은 넓어지고 깊이는 얕아져서 배를 댈 수 있는 항구가 들어서기 어렵다. 딱 한 곳만은 배를 댈 수 있을 정도로 물이 깊었는데, 옛날 사람들은 그곳을 개메기라 불렀다. 표준말로는 개목이다.

'개'는 배를 대기에 좋은 물가를 의미한다. 길목이 '큰길에서 좁은 길로 들어가는 어귀 또는 길의 중요한 통로가 되는 어귀'라는 의미인 것처럼 개목도 '큰 바다에서 배를 대기 좋은 좁은 물가로 들어가는 어귀 또는 바닷길의 중요한 통로가 되는 어귀'라는 뜻이다. 한자로는 浦(개 포)와 項(목 항)의 뜻을 빌려 포항浦項이라 기록하였다.

조선 영조 8년(1732), 경상감사 조현명이 함경도의 기근을 돕기 위해 필요한 곡식을 보관하는 창고를 개메기에 설치하였다. 한자로는 浦項倉(포항창)이라 기록했고, 사람들은 개메기창이라 불렀다.

1914년 포항면浦項面이 신설되고 어업이 발달하면서 인구가 급증하여 1931년에 읍으로, 1949년에는 시로 승격되었다. 더불어 개메기라 부르는 사람이 급속히 줄어들고 한자의 소리 포항이라 말하는 사람이 확 늘어나면서, 지금은 개메기를 기억하는 사람이 거의 없게 되었다.

49. 위화도와 울혜셤

'울혜셤.' 우리나라 역사의 흐름을 바꾼 너무나 유명하고 중요한 사건이 일어난 섬의 이름이다. 하지만 우리나라 사람 대부분은 기억하는 것은 고사하고 들어 본 적도 없을 것 같다. 힌트를 드리면, 조선의 건국자 태조 이성계가 고려 말의 실권자 최영을 몰아내고 새로운 실권자로 등장하기 시작한 결정적 사건이 일어난 섬이다. 이쯤 되면 '그 사건, 위화도회군 아냐?'라고 말하는 분이 있을 것 같다. 맞다. 디만 『용비어천가』에는 그 사건이 일어난 섬의 이름을 한글로 위화도가 아니라 울혜셤으로 기록하였다.

우리나라에서 한글이 기록된 가장 오래된 옛책은 1446년에 한글의 조영 원리를 한문으로 설명하면서 한글의 사례를 넣은 『훈민정

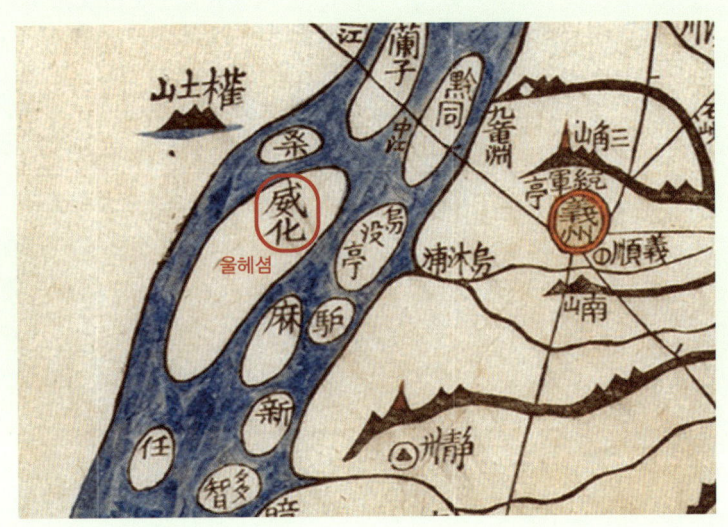

대동여지도의 울헤셤
출처: 규장각한국학연구원

음 해례본』이다. 그다음으로 오래된 옛책이 조선의 건국자 태조와 4대 선조 그리고 아들 태종 등 6대의 행적을 서사시로 노래한 『용비어천가』(1447)다. 이 책에는 먼저 한자어는 한자로, 우리말은 한글로 본문을 썼다. 다음으로 한글이 익숙하지 않은 사람들을 위해 한자 본문과 주석도 함께 달아 주었는데, 표기된 한자 지명의 소리와 부르던 우리말 지명의 소리가 달라 이야기를 이해하지 못할 수도 있다고 우려하여 우리말 지명 84개에 대해 한자한글을 병기하였다. 그중의 하나가 '威化島울헤셤'이다.

울혜셤을 한자의 비슷한 소리인 위화威化와 섬 도島의 뜻을 빌려 표기한 것이 위화도威化島이다. 조선에서 이성계의 회군 사건은 너무나 중요하고 많이 회자되었기 때문에 임금과 고위 관료들까지도 당시의 사람들이 일상적으로 부르던 울혜셤으로 부르고 있던 것 같다. 이런 상황에서는 威化島의 소리 위화도라고 말하면 의사소통이 어렵고, 『용비어천가』의 편찬자는 이를 염려하여 한자 威化島와 한글 울혜셤을 병기해 준 것이다. 그런데 요즘은 울혜셤 또는 울혜셤회군이라 말하면 오히려 의사소통이 안 된다. 한자 지명과 우리말 지명의 한글을 병기한 『용비어천가』 편찬자의 고민이 이후에도 계속 이어졌다면 이런 일은 일어나지 않았을 것이다. 많이 아쉽다.

50. 적도와 블근셤

1531년(중종 26) 우리나라 최고의 전국 지리지인 『신증동국여지승람』(25책)이 간행되었는데, 「동람도」라고 불리는 우리나라 전도 1장과 도별지도 8장이 수록되어 있다. 책의 두 면 크기에 맞게 우리나라 전도를 그렸기 때문에 전도는 남북보다 동서가 더 길게 보이고, 거리와 방향의 정확성은 별로 고려하지 않았다. 도별지도는 왜곡이 더 심하다. 면적에서 큰 차이가 나는 8도 모두를 동일한 크기의 종이 안에 그렸기 때문에 실제의 면적과 거리를 비교하여 가늠할 수가 없다.

하지만 장점도 많다. 크기가 작아 펼쳐 보기에 편하고 일반 양반들이 필요로 하는 최소한의 공간 정보를 간단하면서도 체계적으로

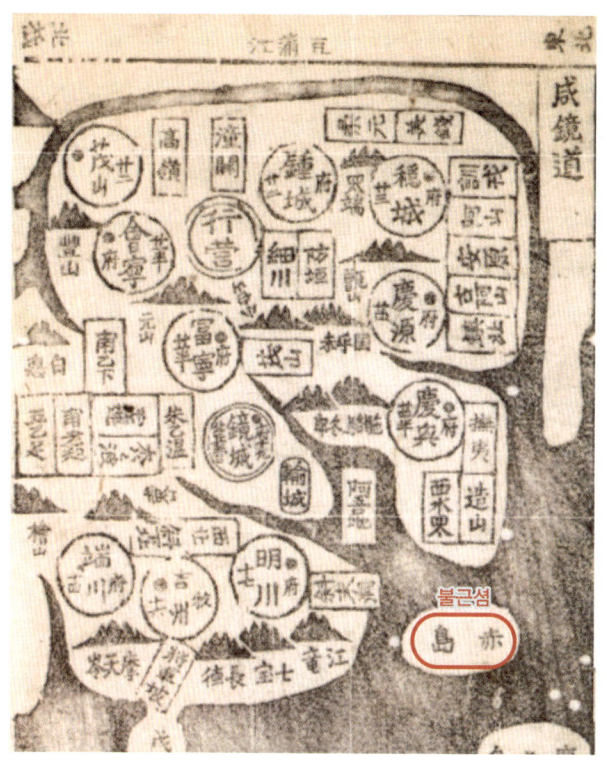

'동람도' 계통 동국여지도 함경도의 불근섬
출처: 규장각한국학연구원

닮았다. 그래서 1500년대 후반부터 전도와 도별지도 9장만 독립시킨 목판본의 지도책이 등장하였고, 1600년대부터는 세계지도인 원형천하도와 중국, 일본, 유구의 지도 4장을 합한 13장의 지도책이 다양한 목판본과 필사본으로 유행하였다. 조선에서 가장 많이 이용된 최고의 인기 지도책으로, 현재도 국내외에 수백 점이 넘을 정도로 흔하게 전해지고 있다.

지금까지 「동람도」와 그것을 기초로 만든 지도책 계통을 나름 자세하게 설명했는데, 이 글의 원래 목적은 여기에 수록된 섬 하나를 소개하는 것이다. 우리나라 전도와 도별지도를 작은 책 크기 안에 그렸기 때문에 상식적으로 동서와 남북 500m 안팎의 작은 섬은 그릴 수 없다. 그런데 그만한 크기의 섬이 두 개 그려져 있다. 하나는 독도인 우산도于山島이고, 다른 하나는 태조 이성계의 증조부인 이행리가 여진족에게 쫓기다 피신하여 위기를 모면했다는 섬이다.『용비어천가』에는 이 섬을 '赤島블근셤'이라고 기록했는데, 블근셤을 한자 赤(붉을 적)과 島(섬 도)의 뜻을 빌려 적도赤島라고 표기한 것이다.

'동람도'의 함경도 지도에는 '赤島'라고만 기록되어 있다. 여러분들은 어떻게 읽겠는가?『용비어천가』의 편찬자들은 '적도'라고 읽을까 봐 한글로 '블근셤'을 특별히 써 주었다. 그 이후 이런 친절함이 사라졌나.

사진 출처

24쪽 밤섬
https://data.si.re.kr/photo/06M02801Ba20000

29쪽 삼개나루터
https://www.kogl.or.kr/recommend/recommendDivView.do?recommendIdx=70723&division=img#

46쪽 충무공 이순신 생가터 표지석
https://blog.naver.com/junggu4u/223440349210

54쪽 미아리고개 주변
https://data.si.re.kr/photo/02q01702da5000

63쪽 두뭇개와 저자도
https://archives.seoul.go.kr/post/2037

68쪽 정선, 동작진
https://www.kogl.or.kr/recommend/recommendDivView.do?recommendIdx=70568&division=img

79쪽 잠실새내역 명판
https://ko.wikipedia.org/wiki/%EC%9E%A0%EC%8B%A4%EC%83%88%EB%82%B4%EC%97%AD#/media/%ED%8C%8C%EC%9D%BC:Seoul_Metro_Jamsilsaenae_Station_2.jpg